普通高等教育"十二五"规划教材

化工基础实验

Fundamental Experiments of Chemical Engineering

王艳花　主编　　黄向红　乔　军　副主编

化工基础实验是化工、环境、食品、生物工程等专业教学计划中的必修课程，属于工程实验范畴。全书共分六章，第一章化工实验基础知识，第二章实验误差，第三章实验数据的处理，第四章实验各环节要求，第五章实验相关仪器仪表知识，第六章实验部分，包括阻力实验、离心泵实验、过滤实验、传热实验、吸收解析实验、精馏实验、干燥实验、膜分离实验、多釜串联、管式反应釜返混实验、二元汽液平衡、三元液液平衡、临界状态观察、多功能精馏、乙苯脱氢等。本书适用于较少学时实验课程的相关专业，力求达到培养高技能、应用型人才的目标，也可供有关行业的科研、设计及生产单位的科技人员参考。

图书在版编目（CIP）数据

化工基础实验/王艳花主编． —北京：化学工业出版社，2012.5（2024.2重印）
普通高等教育"十二五"规划教材
ISBN 978-7-122-13418-9

Ⅰ．化… Ⅱ．王… Ⅲ．化学工程-化学实验-高等学校-教材 Ⅳ．TQ016

中国版本图书馆 CIP 数据核字（2012）第 019267 号

责任编辑：满悦芝	文字编辑：李　玥
责任校对：顾淑云	装帧设计：韩　飞

出版发行：化学工业出版社（北京市东城区青年湖南街13号　邮政编码100011）
印　　装：北京科印技术咨询服务有限公司数码印刷分部
787mm×1092mm　1/16　印张8　字数200千字　2024年2月北京第1版第4次印刷

购书咨询：010-64518888　　　　　　　　　　　　　　售后服务：010-64518899
网　　址：http://www.cip.com.cn
凡购买本书，如有缺损质量问题，本社销售中心负责调换。

定　价：19.80元　　　　　　　　　　　　　　　　　　　版权所有　违者必究

前　言

　　化工基础实验是化工、制药、环境、食品、生物工程等院系或专业教学计划中的必修课程，属于工程实验范畴。该课程是在学生完成了基础化学课程以及化工原理等专业课的基础上开设的，涵盖了一些比较典型的化工单元操作。其目的是使学生掌握化工单元操作的基本特点、化工实验的研究方法、实验数据的误差分析、实验数据的处理方法以及与化工基础实验有关的计算机数据采集与控制等基本知识。归纳起来本书有以下特点。

　　1. 强调数据采集以及数据处理方法，培养学生的工程意识，增强其从工程视角观察、分析和解决实际工程问题的能力。

　　2. 加强化工实验中常用仪器仪表知识的普及，适用于较少学时实验课程的相关专业，力求达到培养高技能、应用型人才的目标。

　　全书共分六章，第一章化工实验基础知识，第二章实验误差，第三章实验数据的处理，第四章实验各环节要求，第五章实验相关仪器仪表知识，第六章实验部分，包括阻力实验、离心泵实验、过滤实验、传热实验、吸收解析实验、精馏实验、干燥实验、膜分离实验、多釜串联、管式反应釜返混实验、二元汽液平衡、三元液液平衡、临界状态观察、多功能精馏、乙苯脱氢等。本书可作为高等院校化工及有关专业的教材，也可供有关行业的科研、设计及生产单位的科技人员参考。

　　本书王艳花主编；黄向红、乔军副主编；方应国、李赫、沈超参编。由于编者时间和经验所限，书中难免有不足之处，敬请读者批评指正。

编　者
2012.3

目 录

第一章　化工实验基础知识 ········· 1
　一、化工基础实验教学目的 ········· 1
　二、化工基础实验的特点 ········· 1
　三、化工基础实验教学内容与方法 ········· 2

第二章　实验误差 ········· 4
　一、误差的基本概念 ········· 4
　二、误差的基本性质 ········· 5

第三章　实验数据的处理 ········· 10
　一、有效数字的处理 ········· 10
　二、实验结果的数据处理 ········· 10
　三、经验公式的选择 ········· 15

第四章　实验各环节要求 ········· 18
　一、实验预习 ········· 18
　二、实验操作环节 ········· 18
　三、测定、记录和数据处理 ········· 18
　四、实验安全与环保 ········· 20
　五、编写实验报告 ········· 22

第五章　实验相关仪器仪表知识 ········· 24
　一、涡轮流量计 ········· 24
　二、压力测量仪表 ········· 25
　三、数字式显示仪表 ········· 29
　四、热电偶温度计 ········· 30
　五、热电阻温度计 ········· 34
　六、阿贝折射仪 ········· 34

第六章　实验部分 ········· 38
　实验1　气体转子流量计校正 ········· 38
　实验2　液体流量计的标定 ········· 41
　实验3　流体流动类型及临界雷诺数的测定 ········· 45
　实验4　流体阻力（综合）测定实验 ········· 47
　实验5　离心泵性能测定实验（远程控制） ········· 55
　实验6　对流传热系数的测定 ········· 59
　实验7　传热综合实验 ········· 64
　实验8　板框恒压过滤常数测定实验 ········· 67
　实验9　真空过滤实验 ········· 69
　实验10　筛板精馏塔实验 ········· 71

实验 11　填料精馏塔和等板高度的测定（全回流） …………………………… 75
　　实验 12　填料吸收塔实验 ……………………………………………………… 78
　　实验 13　往复筛板萃取塔实验 ………………………………………………… 82
　　实验 14　干燥速率曲线测定实验 ……………………………………………… 86
　　实验 15　膜分离实验 …………………………………………………………… 90
　　实验 16　汽液平衡数据的测定 ………………………………………………… 95
　　实验 17　三元液液平衡的测定 ………………………………………………… 98
　　实验 18　二氧化碳临界状态观测及 pVT 关系测定实验 …………………… 101
　　实验 19　反应精馏法制乙酸乙酯 ……………………………………………… 106
　　实验 20　乙苯脱氢制苯乙烯实验 ……………………………………………… 108
　　实验 21　串联流动反应器停留时间分布的测定 ……………………………… 112
　　实验 22　连续均相管式循环反应器中的返混实验 …………………………… 116
附　录 …………………………………………………………………………………… 119
　　附录一　水的物理性质 ………………………………………………………… 119
　　附录二　干空气的物理性质（$p=101.325\text{kPa}$） ………………………………… 119
　　附录三　几种常用理想二元标准混合液 ……………………………………… 120
　　附录四　正庚烷-甲基环己烷的组成与折射率关系 …………………………… 120
　　附录五　乙醇-水系统 $T\text{-}x\text{-}y$ 数据 ……………………………………………… 120
　　附录六　各种换热方式下对流传热系数的范围 ……………………………… 121
　　附录七　苯甲酸-煤油-水物系萃取实验分配曲线数据 ………………………… 121
参考文献 ………………………………………………………………………………… 122

第一章　化工实验基础知识

化工基础实验是化工、制药、环境、食品、生物工程等院系或专业教学计划中的必修课程，属于工程实验范畴，与一般化学实验的不同之处在于它具有工程特点。每个实验项目都相当于化工生产中的一个单元操作，通过实验能建立起一定的工程概念，同时，随着实验课的进行，会遇到大量的工程实际问题，对理工科学生来说，可以在实验过程中更实际、更有效地学到更多工程实验方面的原理及测试手段，可以发现复杂的真实设备与工艺过程同描述这一过程的数学模型之间的关系，也可以认识到对于一个看起来似乎很复杂的过程，一经了解，可以只用最基本的原理来解释和描述。因此，在实验课的全过程中，学生在思维方法和创新能力方面都得到培养和提高，为今后的工作打下坚实的基础。

一、化工基础实验教学目的

（1）巩固和深化理论知识　在学习化工基础课程的前提下，进一步了解和理解一些比较典型的已被或将被广泛应用的化工过程与设备的原理和操作，巩固和深化基础化工的理论知识。

（2）提供理论联系实际的机会　用所学的化工基础理论知识去解决实验中遇到的各种实际问题，同时学习在化工领域内如何通过实验获得新的知识和信息。

（3）培养学生从事科学实验的能力　实验能力主要包括：①为了完成一定的研究课题，设计实验方案的能力；②进行实验，观察和分析实验现象的能力和解决实验问题的能力；③正确选择和使用测量仪表的能力；④利用实验的原始数据进行数据处理以获得实验结果的能力；⑤运用文字表达技术报告的能力等。学生只有通过一定数量的实验训练，才能掌握各种实验技能，为将来从事科学研究和解决工程实际问题打好坚实的基础。

（4）培养科学的思维方法、严谨的科学态度和良好的科学作风，提高自身素质。

（5）随着科技的发展，不断引进新的化工技术和实验技术，开阔眼界，启发新创意。

二、化工基础实验的特点

本实验课程不附属于某一门理论课，因此不以印证和学好某一门理论课程为主要目的，而以培养高等化工科技人才应具有的一些能力和素质为主要目的，将能力和素质培养贯穿于实验课的全过程。

① 培养学生进行试验方案设计的能力。先讲授试验设计方法，后让每个学生都必做试验设计应用实验。

② 培养学生处理实验数据的能力。例如，对流传热系数及其特征数关联式测定实验，求 Nu 数对 Re 数和 Pr 数的关联式时，假设 Re、Pr 的量纲均为未知，应用多元回归方法处理实验数据，求关联式的系数和指数。

③ 培养学生对实验数据进行估算和分析的能力。例如在流动阻力测定实验或流量计性能测定实验的实验报告中，务必要求学生对本实验的数据进行全面的误差估算和分析。

④ 使学生逐渐养成对待科学和工作严肃认真的科学作风及良好的习惯。实验前检查学生实验原始数据表格和项目清单的准备情况，实验结束时对学生的实验原始数据记录进行检查和签字，并严格要求学生做好实验的收尾工作和现场清洁卫生。严格要求学生对实验报告

准确书写，目的是培养正确书写实验报告的能力。

⑤ 教材量大、讲授内容少，实验过程中引导学生自学教材中的有关内容，这不只是为了解决学时数不够的问题，更重要是让学生培养自学科学书刊的习惯和爱好，学会"自学"方法。

课程内容强调实践、注意工程概念，做到几个结合。

① 验证化工基础课程中最基本的理论与培养学生掌握实验研究方法、提高分析和解决实际问题的能力相结合。

② 单一验证性实验与综合性、设计性实验相结合，以便训练学生的独立思考、综合分析处理问题的能力。

③ 理论与实践密切结合，在教材各章节的举例时尽量采用化工基础实验中的实测结果，这样做便于学生自学教材内容和将所学的理论知识立即用于实验中，引导学生举一反三，为之后的毕业实践和今后处理工程实际问题打下基础。

④ 传统的与近代的实验方法、测试手段及数据处理技术相结合。

⑤ 注意将目前理论和发展相结合，将完成实验教学基本内容与因材施教、拓宽加深实验教学内容和方法、培养创新精神相结合。

⑥ 引入新的化工技术和科学的实验技术与当今化工研究热点内容相结合，使学生尽早适应 21 世纪化工发展的要求。

实验设备采用计算机在线数据采集与控制系统，引入先进的测试手段和数据处理技术；实验室开放，除完成实验教学基本内容外，可为对化工基础实验感兴趣的同学提供实验场所，培养学生的科研能力和创新精神。

三、化工基础实验教学内容与方法

1. 化工基础实验教学内容

化工基础实验教学内容主要包括实验理论教学、计算机仿真实验和典型的单元操作实验三大部分。

（1）实验理论教学 主要讲述化工基础实验教学的目的、要求和方法；化工基础实验的特点；化工基础实验的研究方法；实验数据的误差分析；实验数据的处理方法；与化工基础实验有关的计算机数据采集与控制基本知识等。

（2）计算机仿真实验 包括仿真运行、数据处理和实验测评三部分。

（3）典型单元操作实验 包括阻力实验、离心泵实验、过滤实验、传热实验、吸收解析实验、精馏实验、干燥实验、膜分离实验、多釜串联、管式反应釜返混实验、二元汽液平衡、三元液液平衡、临界状态观察、多功能精馏、乙苯脱氢等。

2. 化工基础实验教学方法

由于工程实验是一项技术工作，它本身就是一门重要的技术学科，有其自己的特点和系统。为了切实加强实验教学环节，将实验课单独设课。每个实验均安排现场预习（包括仿真实验）和实验操作两个单元时间。化工基础实验工程性较强，有许多问题需事先考虑、分析，并做好必要的准备，因此必须在实验操作前进行现场预习和仿真实验。化工基础实验室实行开放制度，学生实验前必须预约。

3. 实验数据的记录

① 每个学生都应有一个完整的原始数据记录表，在表格中应记下各项物理量的名称、表示符号和单位。不应随便拿一张纸就记录，要保证数据完整，除了记录测取的数据外，还应将装置设备的有关尺寸、大气条件等数据记录下来。

② 实验时一定要在现象稳定后才开始读数据，条件改变后，要等待一会儿才能读取数据，这是因为稳定需要一定时间，而仪表通常又有滞后现象的缘故。不要条件一改变就测数据，引用这种数据做报告，结论是不准确的。

③ 同一条件下至少要读取两次数据，而且只有当两次读数相近时才能改变操作条件。

④ 每个数据记录后，应该立即复核，以免发生读错或写错数字等错误。

⑤ 数据记录必须真实地反映仪表的精度，一般要记录至仪表上最小分度以下一位数。

⑥ 实验中如果出现不正常情况，以及数据有明显误差时，应在备注栏中加以注明。

第二章　实验误差

由于实验方法和实验设备的不完善、周围环境的影响、人的观察力、测量程序限制等，实验观察值和真值之间总是存在一定的差异，在数值上即表现为误差。为了提高实验的精度，缩小实验观测值与真值之间的差值，需要对实验的误差进行分析和讨论。

一、误差的基本概念

1. 真值与平均值

真值是一个理想的概念，一般是不可能观测到的。但是若对某一物理量经过无限多次的测量，出现误差有正有负，而正负误差出现的概率是相同的。因此，在不存在系统误差的前提下，它们的平均值就相当接近于这个物理量的真值。所以实验科学中定义：无限多次的观测值的平均值为真值。由于实验工作中观测的次数总是有限的，这些有限的观测值的平均值，只能近似于真值，故称这个平均值为最佳值。化工中常用的平均值有以下几种。

（1）算术平均值

$$x_\mathrm{m} = \frac{x_1 + x_2 + \cdots + x_n}{n} = \frac{\sum\limits_{i=1}^{n} x_i}{n} \tag{2-1}$$

（2）均方根平均值

$$x_\mathrm{s} = \left(\frac{x_1^2 + x_2^2 + \cdots + x_n^2}{n}\right)^{\frac{1}{2}} = \sqrt{\frac{\sum\limits_{i=1}^{n} x_i^2}{n}} \tag{2-2}$$

（3）几何平均值

$$x_\mathrm{c} = (x_1 x_2 \cdots x_n)^{\frac{1}{n}} = \left(\prod_{i=1}^{n} x_i\right)^{\frac{1}{n}} \tag{2-3}$$

计算平均值方法的选择，取决于一组观测值的分布类型。在一般情况下，观测值的分布属于正态类型，即正态分布。因此，算术平均值作为最佳值使用最为普遍。

2. 误差表示法

某测量点的误差通常由下面三种形式表示。

（1）绝对误差　某量的观测值与真值的差称为绝对误差，通称误差。但在实际工作中，以平均值（即最佳值）代替真值，把观测值与最佳值之差称剩余误差，但习惯上称绝对误差。

（2）相对误差　为了比较不同被测量值的测量精度，引入了相对误差。

$$相对误差 = \frac{绝对误差}{真值} \times 100\%$$

（3）引用误差　引用误差（或相对示值误差）指的是一种简化和实用方便的仪器仪表指示值的相对误差，它是以仪器仪表的满刻度示值为分母，某一刻度点示值误差为分子，所得比值的百分数。仪器仪表的精度用此误差来表示。比如1级精度仪表，即为：

$$引用误差 = \frac{量程内最大示值误差}{满量程示值} \times 100\%$$

在化工领域中，通常用算术平均误差和标准误差来表示测量数据的误差。

（4）算术平均误差

$$\delta = \frac{\sum_{i=1}^{n} |x_i - x_m|}{n} \tag{2-4}$$

（5）标准误差　标准误差称为标准差或称为均方根误差。当测量次数为无穷时，其定义为：

$$\sigma = \sqrt{\frac{\sum_{i=1}^{n}(x_i - x_n)^2}{n-1}} \tag{2-5}$$

当测量次数有限时，常用下式表示：

$$\sigma = \sqrt{\frac{\sum_{i=1}^{n}(x_i - x_m)^2}{n-1}} \tag{2-6}$$

式中，n 表示观测次数；x_i 表示第 i 次的测量值；x_m 表示 m 次测量值的算术平均值。

标准误差的大小说明，在一定条件下等精度测量的数据中每个观测值对其算术平均值的分散程度。如果测得数值小，该测量列数据中相应小的误差占优势，任一单次观测值对其算术平均值的分散程度就小，测量的精度高；反之，精度就低。

3. 误差的分类

（1）系统误差　系统误差是指在同一条件下，多次测量同一量时，误差的数值和符号保持恒定，或在条件改变时，按某一确定的规律变化的误差。系统误差的大小反映了实验数据准确度的高低。产生系统误差的原因：①仪器不良，如刻度不准、仪表未经校正或标准表本身存在偏差等；②周围环境的改变，如外界温度、压力、风速等；③实验人员个人的习惯和偏向，如读数的偏高或偏低等引入的误差。系统误差可针对上述诸原因分别改进仪器和实验装置以及提高实验技巧予以清除。

（2）随机误差（或称偶然误差）　在已经消除系统误差的前提下，随机误差是指在相同条件下测量同一量时，误差的绝对值时大时小，其符号时正时负，没有确定规律的误差。随机误差的大小反映了精密程度的高低。这类误差产生原因无法预测，因而无法控制和补偿。但是倘若对某一量值作足够多次数的等精度测量时，就会发现随机误差完全服从统计规律，误差的大小和正负的出现完全由概率决定。因此随着测量次数的增加，随机误差的算术平均值必趋近于零。所以，多次测量结果的算术平均值将更接近于真值。

（3）过失误差（或称粗大误差）　过失误差是一种显然与事实不符的误差，它主要是由于实验人员粗心大意如读错数据或操作失误等所致。存在过失误差的观测值在实验数据整理时必须剔除，因此测量或实验时只要认真负责是可以避免这类误差的。

显然，实测数据的精确程度是由系统误差和随机误差的大小来决定的。系统误差愈小，测得数据的精确度愈高；随机误差愈小，测得数据的精确度愈高。所以要使实测数据的精确度提高就必须满足系统误差和随机误差均很小的条件。

二、误差的基本性质

实测数据的可靠程度如何，又怎样提高它们的可靠性？这些都要求我们应了解在给定条件下误差的基本性质和变化规律。

1. 偶然（随机）误差的正态分布

如果测量数列中不包含系统误差和过失误差，从大量的实验中发现偶然误差具有如下特点：绝对值相等的正误差和负误差，其出现的概率相同；绝对值很大的误差出现的概率趋近于零，也就是误差值有一定的实际极限；绝对值小的误差出现的概率大，而绝对值大的误差出现的概率小；当测量次数 $n \to \infty$ 时，误差的算术平均值趋近于零，这是由于正负误差相互抵消的结果。也就说明在测定次数无限多时，算术平均值就等于测定量的真值。

偶然误差的分布规律，在经过大量的测量数据的分析后可知，它是服从正态分布的，其误差函数 $f(x)$ 表达式为：

$$y = f(x) = \frac{1}{\sigma\sqrt{2\pi}} e^{-\frac{x^2}{2\sigma^2}} \tag{2-7}$$

或者

$$y = f(x) = \frac{h}{\sqrt{\pi}} e^{-h^2 x^2} \tag{2-8}$$

其中

$$h = \frac{1}{\sigma\sqrt{2}}$$

式中，h 称为精密指数；x 为测量值与真实值之差；σ 为均方误差。

式(2-8) 称为高斯误差分布定律。根据此方程所给出的曲线则称为误差曲线或高斯正态分布曲线，此误差分布曲线完全反映了偶然误差的上述特点。

现在我们来考虑一下 σ 值对分布曲线的影响，由式(2-8) 可见，数据的均方误差 σ 愈小，e 指数的绝对值就愈大，y 减小得就愈快，曲线下降得也就更急，而在 $x=0$ 处的 y 值也就愈大；反之，σ 愈大，曲线下降得就缓慢，而在 $x=0$ 处的 y 值也就愈小。图 2-1 和图 2-2 对三种不同的 σ 值（σ 值分别为 1 单位、3 单位、10 单位）给出了偶然误差的分布曲线。

从这些曲线以及上面的讨论中可知，σ 值愈小，小的偶然误差出现的次数就愈多，测定精度也就愈高。当 σ 值愈大时，就会经常碰到大的偶然误差，也就是说，测定的精度也就愈差。因而实测到数据的均方误差，完全能够表达出测定数据的精确度，也即表征着测定结果的可靠程度。

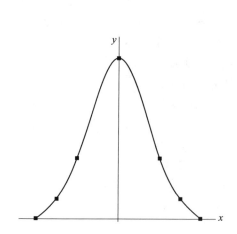

图 2-1 误差分布曲线（高斯正态分布曲线）

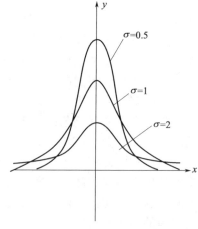

图 2-2 不同 σ 值时的误差分布曲线

2. 可疑的实验观测值的舍弃

由概率积分知，偶然误差正态分布曲线下的全部面积，相当于全部误差同时出现的概率，即

$$P = \frac{1}{\sqrt{2\pi}\sigma} \int_{-x}^{x} e^{-\frac{x^2}{2\sigma^2}} dx = 1 \tag{2-9}$$

若随机误差在 $-\sigma \sim +\sigma$ 范围内，概率则为：

$$P(|x|<\sigma) = \frac{1}{\sqrt{2\pi}\sigma} \int_{-\sigma}^{\sigma} e^{-\frac{x^2}{2\sigma^2}} dx = \frac{2}{\sqrt{2\pi}\sigma} \int_{0}^{\sigma} e^{-\frac{x^2}{2\sigma^2}} dx = 1 \tag{2-10}$$

令 $t = \frac{x}{\sigma}$，则 $x = t\sigma$

所以
$$P(|x|<\sigma) = \frac{2}{\sqrt{2\pi}} \int_{0}^{t} e^{-\frac{t^2}{2}} dt = 2\phi(t) \tag{2-11}$$

即误差在 $\pm t\sigma$ 的范围内出现的概率为 $2\phi(t)$，而超出这个范围的概率则为 $1-2\phi(t)$。

概率函数 $\phi(t)$ 与 t 的对应值在数学手册或专著中均附有此类积分表，现给出几个典型的 t 值及其相应的超出或不超出 $|x|$ 的概率，见表 2-1。

由表 2-1 可知，当 $t=3$，$|x|=3\sigma$ 时，在 370 次观测中只有一次绝对误差超出 3σ 范围，由于在测量中次数不过几次或几十次，因而可以认为 $|x|>3\sigma$ 的误差是不会发生的，通常把这个误差称为单次测量的极限误差，这也称为 3σ 规则。由此认为，$|x|=3\sigma$ 的误差已不属于偶然误差，这可能是由于过失误差或实验条件变化未被发觉引起的，所以这样的数据点经分析和误差计算以后予以舍弃。

表 2-1 t 值及相应的概率

t	$|x|<t\sigma$	不超过 $|x|$ 的概率 $2\phi(t)$	超过 $|x|$ 的概率 $1-2\phi(t)$	测量次数 n	超过 $|x|$ 的测量次数 n
0.67	0.67σ	0.4972	0.5028	2	1
1	σ	0.6226	0.3174	3	1
2	2σ	0.9544	0.0456	22	1
3	3σ	0.9973	0.0027	370	1
4	4σ	0.9999	0.0001	15626	1

3. 函数误差

上述讨论主要是直接测量的误差计算问题，但在许多场合下，往往涉及间接测量的变量，所谓间接测量是通过直接测量与被测的量之间有一定函数关系的其他量，并根据函数关系计算出被测量，如流体流速等测量变量。因此，间接测量就是直接测量得到的各测量值的函数。其测量误差是各原函数。

（1）函数误差的一般形式 在间接测量中，一般为多元函数，而多元函数可用下式表示：

$$y = f(x_1, x_2, x_3, \cdots, x_n) \tag{2-12}$$

式中，y 为间接测量值；x 为直接测量值。

由泰勒级数展开得：

$$\Delta y = \frac{\partial f}{\partial x_1}\Delta x_1 + \frac{\partial f}{\partial x_2}\Delta x_2 + \cdots + \frac{\partial f}{\partial x_n}\Delta x_n \tag{2-13}$$

或
$$\Delta y = \sum_{i=1}^{n} \frac{\partial f}{\partial x_i}\Delta x_i \tag{2-14}$$

它的极限误差为：

$$\Delta y = \sum_{i=1}^{n} \left|\frac{\partial f}{\partial x_i}\Delta x_i\right| \tag{2-15}$$

式中，$\dfrac{\partial f}{\partial x_i}$ 为误差传递系数；Δx 为直接测量值的误差；Δy 为间接测量值的极限误差或称函数极限误差。

由误差的基本性质和标准误差的定义，得函数的标准误差：

$$\sigma = \left[\sum_{i=1}^{n}\left(\dfrac{\partial f}{\partial x_i}\right)^2 \sigma_i^2\right]^{\frac{1}{2}} \tag{2-16}$$

式中，σ_i 为直接测量值的标准误差。

(2) 某些函数误差的计算

① 设函数 $y = x \pm z$，变量 x、z 的标准误差分别为 σ_x、σ_z。

由于误差的传递系数：

$$\dfrac{\partial y}{\partial x} = 1, \quad \dfrac{\partial y}{\partial z} = \pm 1$$

函数极限误差：
$$\Delta y = |\Delta x| + |\Delta z| \tag{2-17}$$

函数标准误差：
$$\sigma_y = (\sigma_x^2 + \sigma_z^2)^{\frac{1}{2}} \tag{2-18}$$

② 设 $y = k\dfrac{xz}{w}$，变量 x、z、w 的标准误差为 σ_x、σ_z、σ_w。

由于误差传递系数分别为：

$$\dfrac{\partial y}{\partial x} = \dfrac{kz}{w} = \dfrac{y}{x}$$

$$\dfrac{\partial y}{\partial z} = \dfrac{kx}{w} = \dfrac{y}{w}$$

$$\dfrac{\partial y}{\partial w} = -\dfrac{kxz}{w^2} = -\dfrac{y}{w}$$

则函数的相对误差为：

$$\Delta y = |\Delta x| + |\Delta z| + |\Delta w| \tag{2-19}$$

函数的标准误差为：

$$\sigma_y = k\left[\left(\dfrac{z}{w}\right)^2 \sigma_x^2 + \left(\dfrac{x}{w}\right)^2 \sigma_z^2 + \left(\dfrac{x}{w^2}\right)^2 \sigma_w^2\right]^{\frac{1}{2}} \tag{2-20}$$

③ 设函数 $y = a + bx^n$，变量 x 的标准误差为 σ_x，a、b、n 为常数。

由于误差传递系数为：

$$\dfrac{\mathrm{d}y}{\mathrm{d}x} = nbx^{n-1}$$

则函数的误差为：

$$\Delta y = |nbx^{n-1}\Delta x| \tag{2-21}$$

函数的标准误差为：

$$\sigma_y = nbx^{n-1}\sigma_x \tag{2-22}$$

④ 设函数 $y = k + n\ln x$，变量 x 的标准误差为 σ_x，k、n 为常数。

由于误差传递系数为：

$$\Delta y = \left|\dfrac{n}{x}\Delta x\right| \tag{2-23}$$

函数的标准误差为：

$$\sigma_y = \dfrac{n}{x}\sigma_x \tag{2-24}$$

⑤ 算术平均值的误差。由算术平均值的定义知：

$$M_m = \frac{M_1 + M_2 + \cdots + M_n}{n}$$

其误差传递系数为：

$$\frac{\partial M_m}{\partial M_i} = \frac{1}{n} \quad (i=1,2,\cdots,n)$$

则算术平均值的误差：

$$\Delta M_m = \frac{\sum_{i=1}^{n} |\Delta M_i|}{n} \tag{2-25}$$

算术平均值的标准误差：

$$\sigma_m = \left(\frac{1}{n^2}\sum_{i=1}^{n}\sigma_i^2\right)^{\frac{1}{2}} \tag{2-26}$$

当 $M_1, M_2, \cdots, M_n$ 是同组等精度测量值，它们的标准误差相同，并等于 σ。所以：

$$\sigma_m = \frac{\sigma}{\sqrt{n}} \tag{2-27}$$

除了上述讨论由已知各变量的误差或标准误差计算函数误差外，还可以应用于实验装置的设计和实验装置的改进。在实验装置设计时，如何去选择仪表的精度，即由预先给定的函数误差（实验装置允许的误差）求取各测量值（直接测量）所允许的最大误差。但由于直接测量的变量不是一个，在数学上则是不定解。为了获得唯一解，假定各变量的误差对函数的影响相同，这种设计的原则称为等效应原则或等传递原则，即

$$\sigma_y = \sqrt{n}\left(\frac{\partial f}{\partial x_i}\right)\sigma_i \tag{2-28}$$

或

$$\sigma_i = \frac{\sigma_y}{\sqrt{n}\left(\frac{\partial f}{\partial x_i}\right)} \tag{2-29}$$

第三章 实验数据的处理

一、有效数字的处理

1. 有效数字及其表示方法

所谓有效数字是指一个位数中除最末一位数为欠准或不确定外，其余各位数都是准确的，这个数据有几位数，我们就说这个数据有几位有效数字。

有效数字反映一个数的大小，又表示在测量或计算中能够准确地量出或读出的数字，因此它与测量仪表的精确度有关，在有效数字中只许可包含一位估计数字（末位为估计数字），而不能包含两位数字。例如分度值为1℃的温度计，读数24.5℃，则三个数字都是有效数字（其中末位是许可估计数），而记为25℃或24.47℃都是不正确的。对于精度为1/10℃的温度计，室温20.36℃有效数字是四位，其中第四位是估计值。51.1g 和 0.0515g 都是三位有效数字，1500m 代表四位有效数字，而 1.5×10^4 则只代表两位有效数字，若写成 1.500×10^4 表示四位有效数字，这时 1.500 中的"0"不能省去，表示这个数值与实际值只相差不过 10m。

2. 有效数字的运算规则

（1）记录、测量只准保留一位估计数字。

（2）当有效数字确定后，其余数字一律弃去，舍弃的办法是四舍五入，偶舍奇入。即末位有效数字后面第一位大于5则在前一位上加上1，小于5就舍去，若等于5时，前一位是奇数就增加1，如前一位是偶数则舍去。例如有效数字是三位时，12.36 应为 12.4；12.34 应为 12.3；而 12.35 应为 12.4；但 12.45 就应为 12.4，而不是 12.5。

（3）加减法规则　以计算流体的进、出口温度之和、差为例，若测得流体进出口温度分别为 17.1℃ 和 62.35℃，则：

温度和/℃	温度差/℃
62.35	62.35
17.1	17.1
79.45	45.25

由于运算结果具有二位存疑值，它和有效数字的概念（每个有效数字只能有一位存疑值）不符，故第二位存疑值应作四舍五入处理。所以两者的结果为温度和等于 79.4℃ 和温度差等于 45.2℃。

从上面的例子可以看出，为了保证间接测量值的精度，实验装置中选取仪器时，其精度要一致，否则系统的精度将受到精度低的仪器仪表的限制。

（4）乘除法运算　两个量相乘（或相除）的积（或商），与其有效数字位数少的相同。乘方、开方后的有效数字位数与其底数相同。

（5）对数运算　对数的有效数字位数应与其真数相同。

二、实验结果的数据处理

1. 列表法

实验数据的初步整理是列表，可分为数据记录表与结果计算表两种，它们是一种专门的表格。实验原始数据记录表是根据实验内容而设计的,必须在实验正式开始之前列出表格。例如,流体流动阻力的测定,实验的原始记录表形式如表 3-1 所示。

表 3-1 流体流动阻力的测定

序号	体积流量/(L/s)	时间/s	沿程损失读数/cm	局部损失读数/cm	
				左	右
0					
1					
2					

在实验过程中完成一组实验数据的测试,必须及时地将有关数据记录在表内。当实验完成时得到一张完整的原始数据记录表。切忌采用按操作岗位独自记录,最后在实验完成后,重新整理成原始数据记录的方法,这种方法既费时又易造成差错。流体流动阻力实验的运算表格形式如表 3-2 所示。

表 3-2 流体流动阻力的测定

序号	流量 /(m³/s)	流速 /(m/s)	$Re \times 10^{-4}$	沿程损失 /mH$_2$O	摩擦系数 $\lambda \times 10^{-2}$	局部损失 /mH$_2$O	阻力系数 ξ

为了得到关于实验研究结果的完整概念,表中所列数据应该是足够和必需的。同时,在相同条件下的重复试验也应该列入表内。

拟制实验表时,应该注意下列事项:
① 列表的表头要列出变量名称、单位的量纲。单位不宜混在数字中,否则会导致分辨不清;
② 数字记录要注意有效位数,它要与实验准确度相匹配;
③ 数据较大或较小时就用浮点数表示,阶数部分(即 $\pm n$)应记录在表头;
④ 列表的标题要清楚、醒目,能准确说明问题。

2. 图形法

实验数据在一定坐标纸上绘成图形,其优点是简单直观,便于比较,容易看出数据间的联系及变化规律,查找方便。现在就有关问题介绍如下。

(1) 坐标的选择 化工实验通常使用的坐标有直角坐标、对数坐标和半对数坐标。根据预测的函数形式选择不同形式。通常总希望图形能呈直线,以便用方程表示,因此一般线性函数采用直角坐标,幂函数采用对数坐标,指数函数采用半对数坐标。

(2) 坐标的分度 习惯上横坐标表示自变量 x,纵坐标表示因变量 y,坐标分度是指 x、y 轴每条坐标所代表数值的大小,它以阅读、使用、绘图以及能真实反映因变关系为原则。

① 为了尽量利用图面,分度值不一定自零开始,可以用变量的最小整数值作为坐标起点,而高于最大值的某一整数值为坐标的终点。

② 坐标的分度不应过细或过粗,应与实验数据的精度相匹配,一般最小的分度值为实验数据的有效数字倒数第二位,即有效数字最末位在坐标上刚好是估计值。

③ 当标绘的图线为曲线时,其主要的曲线斜率应以接近 1 为宜。

(3) 坐标分度值的标记　在坐标纸上应将主坐标分度值标出,标记时所有有效数字位数应与原始数据的有效数字相同,另外每个坐标轴必须注明名称、单位和坐标方向。

(4) 数据描点　数据描点是将实验数据点画到坐标纸上,若在同一图上表示不同组的数据,应以不同的符号(如×、△、□、○等)加以区别。

(5) 绘制曲线　绘制曲线应遵循以下原则。

① 曲线应光滑均整,尽量不存在转折点,必要时也可以有少数转折点。

② 曲线经过之处应尽量与所有点相接近。

③ 曲线不必通过图上各点以及两端任一点。一般两端点的精度较差,作图时不能作为主要依据。

④ 曲线一般不应具有含糊不清的不连续点或其他奇异点。

⑤ 若将所有点分为几组绘制曲线时,则在每一组内位于曲线一侧的点数应与另一侧的点数近似相等。

3. 方程法

在化工基础实验中,经常将获得的实验数据或所绘制的图形整理成方程式或经验关联式表示,以描述过程和现象及其变量间的函数关系。凡是自变量与因变量成线性关系或允许进行线性化处理的场合,方程中的常数项均可用图解法求得。把实验点标成直线图形,求得该直线的斜率 m 和截距 b,便可得到直线的方程表示式:

$$y = b + mx$$

(1) 直角坐标　直线的斜率可由图中直角三角形 $\Delta y/\Delta x$ 之比求得,即

$$m = \frac{\Delta y}{\Delta x}$$

也可选取直线上两点,用下式计算:

$$m = \frac{y_2 - y_1}{x_2 - x_1}$$

直线的截距 b 可以直接从图上读得,当 b 不易从图上读得时可用下式计算:

$$y = \frac{y_1 x_2 - y_2 x_1}{x_2 - x_1}$$

(2) 双对数坐标　对于幂函数方程 $y = bx^m$ 在双对数坐标表示为一直线:

$$\lg y = \lg b + m \lg x$$

令 $Y = \lg y$,$B = \lg b$,$X = \lg x$,上式改写成:

$$Y = B + mX$$

上式表示若对原式 x、y 取对数,而将 $Y = \lg y$ 对 $X = \lg x$ 在直角坐标上可得一条直线,直线的斜率:

$$m = \frac{\Delta y}{\Delta x} = \frac{Y_2 - Y_1}{X_2 - X_1} = \frac{\lg y_2 - \lg y_1}{\lg x_2 - \lg x_1}$$

为了避免将每个数据都换算成对数值,可以将坐标的分度值按对数绘制(即双对数坐标),将实验 x、y 标于图上,则与先取对数再标绘笛卡尔直角坐标上所得结果是完全相同的。工程上均采用双对数坐标,把原数据直接标在坐标纸上。

坐标的原点为 $x=1$,$y=1$,而不是零。因为 $\lg 1 = 0$,当 $x=1$ 时(即 $X = \lg 1 = 0$),$Y = B = \lg b$,因此 $x=1$ 的纵坐标上读数 y 就是 b。

b 值亦可用计算方法求出,即在直线上任取一组 (x,y) 数据,代入 $y = bx^m$ 方程中,

用已求得的 m 值代入即可算出 b 值。

(3) 单对数坐标　　单对数坐标是用于指数方程：
$$y=ae^{bx}$$
$$\ln y=\ln a+bx$$
即
$$\lg y=\lg a+\frac{b}{2.3}x$$

令 $Y=\lg y$，$A=\lg a$，$B=\dfrac{b}{2.3}$，则上式改写成 $Y=A+BX$，此式在单对数坐标上也是一条直线。

(4) $y=\dfrac{a}{x}$ 在直线坐标上为双曲函数，若以 $y\text{-}(x-1)$ 作图形，在直角坐标上就为线性关系。

4. 用最小二乘法拟合曲线

(1) 什么是最小二乘法　　在化工实验中经常需要将试验获得的一组数据 (x_i,y_i) 拟合成一条曲线，并最终拟合成经验公式表示。在拟合中并不要求曲线经过所有的实验点，只要求对于给定的实验点其误差 $\delta_i=y_i-f(x_i)$ 按某一标准为最小。若规定最好的曲线是各点同曲线的偏差平方和为最小，这种方法称为最小二乘法。实验点与曲线的偏差平方和为：

$$\sum_{i=1}^{n}\delta_i=\sum[y_i-f(x_i)]^2$$

(2) 最小二乘法的应用　　在工程中一般希望拟合曲线呈线性函数关系，因为线性关系最为简单。下面介绍当函数关系为线性时，用最小二乘法求式中的常数项。

假设有一组实验数据 (x_i,y_i) $(i=1,2\cdots n)$，且此 n 个点落在一条直线附近。因此，数学模型为：
$$f(x)=b+mx$$

实验点与曲线的偏差平方和为：
$$\sum_{i=1}^{n}\delta_i^2=\sum[y_i-f(x_i)]^2$$
$$=[y_1-(b+mx_1)]^2+[y_2-(b+mx_2)]^2+\cdots+[y_n-(b+mx_n)]^2$$

令
$$Q=\sum_{i=1}^{n}\delta_i^2$$

得　　$Q=[y_1-(b+mx_1)]^2+[y_2-(b+mx_2)]^2+\cdots+[y_n-(b+mx_n)]^2$

根据最小二乘法原理，满足偏差平方和为最小的条件必须是：
$$\frac{\partial Q}{\partial b}=0 \text{ 与 } \frac{\partial Q}{\partial m}=0$$

即　　$\dfrac{\partial Q}{\partial b}=-2[y_1-(b+mx_1)]-2[y_2-(b+mx_2)]-\cdots-2[y_n-(b+mx_n)]=0$

整理得：
$$\sum y_i-nb-m\sum x_i=0 \tag{3-1}$$

同理：$\dfrac{\partial Q}{\partial m}=0$

$$\frac{\partial Q}{\partial m}=-2x_1(y_1-b-mx_1)-2x_2(y_2-b-mx_2)-\cdots-2x_n(y_n-b-mx_n)=0$$

整理得：
$$\sum x_i y_i - b\sum x_i - m\sum(x_i^2)=0 \tag{3-2}$$

由式(3-1) 得：
$$b=\frac{\sum y_i - m\sum x_i}{n}=\overline{y}-\overline{mx} \tag{3-3}$$

式(3-3) 代入式(3-2) 解得：
$$m=\frac{\sum y_i \sum x_i - n\sum x_i y_i}{(\sum x_i)^2 - n\sum x_i^2} \tag{3-4}$$

相关系数 r 为：
$$r=\frac{\sum(x_i-\overline{x})(y_i-\overline{y})}{\sqrt{\sum(x_i-\overline{x})^2 \sum(y_i-\overline{y})^2}} \tag{3-5}$$

相关系数是用来衡量两个变量线性关系密切程度的一个数量性指标。r 的绝对值总小于 1，即

$$0 \leqslant |r| \leqslant 1$$

【例题 3-1】 已知一组实验数据如表 3-3 所示，求它的拟合曲线。

表 3-3 【例题 3-1】实验数据

x_i	1	2	3	4	5
y_i	4	4.5	6	8	8.5

【解】 根据所给数据在坐标纸上标出，如图 3-1 所示，可见实验点可拟合成一条直线，拟合方程为：

$$f(x)=b+mx$$

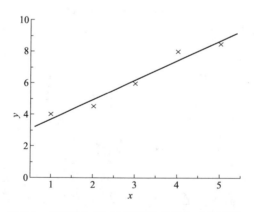

图 3-1 【例题 3-1】根据实验点拟合成的直线

计算结果列于表 3-4：

$$m=\frac{\sum x_i \times \sum y_i - n\sum x_i y_i}{(\sum x_i)^2 - n\sum x_i^2}=\frac{15\times 31 - 5\times 105.5}{15^2 - 5\times 55}=1.25$$

$$b=\frac{\sum y_i - m\sum x_i}{n}=\frac{31-1.25\times 15}{5}=2.45$$

所以
$$f(x)=2.45+1.25x$$

表 3-4 【例题 3-1】计算结果

x_i	y_i	x_i^2	x_iy_i
1	4	1	4
2	4.5	4	9
3	6	9	18
4	8	16	32
5	8.5	25	42.5
$\sum x_i=15$	$\sum y_i=31$	$\sum x_i^2=55$	$\sum x_iy_i=105.5$

【例题 3-2】 测定空气在圆形直管中作湍流流动时的传热膜系数所获得的实验数据如表 3-5 所列，若下述实验数据可用特征数关联：$Nu=aRe^m$，试求式中的 a 与 m 值。

表 3-5 【例题 3-2】实验数据

Re	2.15×10^4	2.56×10^4	3.18×10^4	3.46×10^4	3.72×10^4	4.15×10^4
Nu	53.9	61.2	70	78	82.1	86.7

【解】 根据所得数据在坐标纸上标出，如图 3-2 所示，可见实验点可拟合成一条直线，将实验数据与特征数关联：

$$Nu=aRe^m$$
$$\lg Nu=\lg a+m\lg Re$$

令　　　　　　　　$y=\lg Nu$，$b=\lg a$，$x=\lg Re$

有　　　　　　　　$y=b+mx$

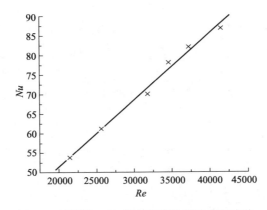

图 3-2 【例题 3-2】根据实验数据拟合的直线

计算结果列于表 3-6：

$$m=\frac{\sum x_i\sum y_i-n\sum x_iy_i}{(\sum x_i)^2-n\sum x_i^2}=\frac{26.9706\times11.1079-6\times49.9734}{(26.9706)^2-6\times121.2923}=0.7451$$

$$b=\frac{\sum y_i-m\sum x_i}{n}=\frac{11.1079-0.7451\times26.9706}{6}=-1.4980$$

$$b=\lg a=-1.4980\quad a=0.0318\quad Nu=0.0318Re^{0.7451}$$

三、经验公式的选择

在实验研究中，除了用表格和图形描述变量的关系外，常常把实验数据整理成方程式，以描述过程或现象的自变量和因变量的关系，即建立过程的数学模型。

表 3-6 【例题 3-2】计算结果

x_i (lgRe)	y_i (lgNu)	x_i^2 [(lgRe)^2]	$x_i y_i$ (lgRelgNu)
4.3324	1.7316	18.7697	7.5020
4.4082	1.7868	19.4322	7.8766
4.5024	1.8451	20.2716	8.3074
4.5391	1.8921	20.6034	8.5884
4.5705	1.9143	20.8895	8.7493
4.6180	1.9380	21.3259	8.9497
$\sum x_i = 26.9706$	$\sum y_i = 11.1079$	$\sum x_i^2 = 121.2923$	$\sum x_i y_i = 49.9734$

鉴于化学和化工是以实验研究为主的科学领域，很难由纯数学物理方法推导出准确的数学模型，而是采用半理论方法、纯经验方法和由实验曲线的形状确定相应的经验公式。

1. 半理论分析方法

化工原理课程中介绍的，由量纲分析法推求出特征数关系式，是最常见的一种方法。用量纲分析法不需要首先导出现象的微分方程。但是，如果已经有了微分方程暂时还难以得出解析解，或者又不想用数值解时，也可以从中导出特征数关系式，然后由实验来最后确定其系数值。例如，动量、热量和质量传递过程的特征数关系式如表 3-7 所示。

表 3-7 特征数关系式

$Eu = A\left(\dfrac{l}{d}\right)^a Re^b$	$Nu = BRe^c Pr^d$	$Sh = CRe^e Sc^f$

注：各式中的常数可由实验数据通过计算求出。

2. 纯经验方法

根据各专业人员长期积累的经验，有时也可决定整理数据时应采用什么样的数学模型。比如，在不少化学反应中常有 $y = ae^{bt}$ 或者 $y = ae^{bt+a^2}$ 形式。溶解热或热容和温度的关系又常常可用多项式 $y = b_0 + b_1 x + b_2 x^2 + \cdots + b_m x^m$ 来表达。又如在生物实验中培养细菌，假设原来细菌的数量为 a，繁殖率为 b，则每一时刻的总量 y 与时间 t 的关系也呈指数关系，即 $y = ae^{bt}$ 等。

3. 由实验曲线求经验公式

如果在整理实验数据时，对选择模型既无理论指导，又无经验可以借鉴，此时将实验数据先标绘在普通坐标纸上，得一直线或曲线。

如果是直线，则根据初等数学，可知 $y = a + bx$，其中 a、b 值可由直线的截距和斜率求得。如果不是直线，也就是说，y 和 x 不是线性关系，则可将实验曲线和典型的函数曲线相对照，选择与实验曲线相似的典型曲线函数，然后用直线化方法，对所选函数与实验数据的符合程度加以检验。

直线化方法就是将函数 $y = f(x)$ 转化成线性函数 $Y = A + BX$，其中 $X = \psi(x, y)$，$Y = \varphi(x, y)$（ψ、φ 为已知函数）。由已知的 x_i、y_i，按 $Y_i = \varphi(x_i, y_i)$，$X_i = \psi(x_i, y_i)$ 求得 Y_i、X_i，然后将 (X_i, Y_i) 在普通直角坐标上标绘，如得一直线，即可定系数 A 和 B，并求得 $y = f(x)$ 的函数关系式。

如 $Y_i = f'(X_i)$ 偏离直线，则应重新选定 $Y_i = \varphi'(x_i, y_i)$，$X = \varphi'(x_i, y_i)$，直至 Y-X 为直线关系为止。

【例题 3-3】 实验数据 x_i、y_i 如表 3-8 所示，求经验式 $y = f(x)$。

表 3-8 【例题 3-3】实验数据

x_i	1	2	3	4	5
y_i	0.5	2	5	8	12.5

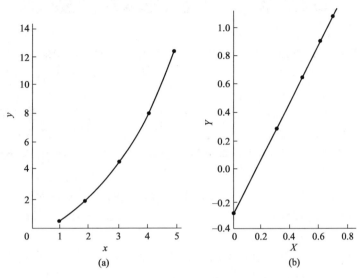

图 3-3 实验数据变化前后的图形

【解】 将 x_i、y_i 标绘在直角坐标纸上得图 3-3(a)。由 y-x 曲线可见其形状类似幂函数曲线，则令 $Y_i = \lg y_i$，$X_i = \lg x_i$，计算后将结果填入表 3-9。

表 3-9 【例题 3-3】计算结果

X_i	0	0.301	0.477	0.602	0.699
Y_i	−0.301	0.301	0.699	0.903	1.097

将 X_i、Y_i 仍标绘于普通直角坐标纸上，得一直线，见图 3-3(b)。

由该图可读得截距 $A = -0.301$。

由直线的点读数求斜率，得斜率：$B = \dfrac{1.097-(-0.301)}{0.699} = 2$

则得： $$\lg y = -0.301 + 2\lg x$$

即幂函数方程式： $$y = 0.5x^2$$

第四章 实验各环节要求

化工基础实验包括：实验预习，实验操作，测定、记录和数据处理，实验报告编写四个主要环节，各个环节的具体要求如下。

一、实验预习

本实验课工程性很强，有许多问题需事先考虑、分析，并做好必要的准备。要满足达到实验目的中所提出的要求，仅靠实验原理部分是不够的，必须做到以下几点。

（1）认真阅读实验讲义，复习课程教材以及参考书的有关内容，明确本实验的目的与要求。

（2）为培养实际应用能力，应试图对每个实验提出问题，带着问题到实验室现场预习。在现场结合实验指导书，仔细查看设备流程，熟悉设备装置的结构及特点；测试仪表的种类及安装位置。

（3）明确操作程序与所要测定参数的项目，了解相关仪表的类型和使用方法以及参数的调整、实验测试点的分配等。

（4）列出本实验需在实验室得到的全部原始数据和操作现象观察项目的清单，画出便于记录的原始数据表格。

（5）实验预习报告，主要内容如下：①实验目的和内容；②实验基本原理和方案；③实验装置及流程图（包括实验设备的名称、规格与型号等）；④实验操作步骤；⑤实验布点及实验原始数据记录表格设计。

二、实验操作环节

一般以 3~4 人为一小组合作进行实验，实验前必须作好组织工作，做到既分工、又合作，每个组员要各负其责，并且要在适当的时候进行轮换工作，这样既能保证质量，又能获得全面的训练。实验操作注意事项如下。

（1）实验设备的启动操作，应按教材说明的程序逐项进行，设备启动前必须检查：①对泵、风机、压缩机、真空泵等设备，启动前先用手扳动联轴节，看能否正常转动；②设备、管道上各个阀门的开、闭状态是否合乎流程要求。上述两点皆为正常时，才能合上电闸，使设备运转。

（2）操作过程中设备及仪表有异常情况时，应立即按停车步骤停车并报告指导教师，对问题的处理应了解其全过程，这是分析问题和处理问题的极好机会。

（3）操作过程中应随时观察仪表指示值的变动，确保操作过程在稳定条件下进行。出现不符合规律的现象时应注意观察研究，分析其原因，不要轻易放过。

（4）停车前应先后将有关气源、水源、电源关闭，然后切断电机电源，并将各阀门恢复至实验前所处的位置（开或关）。

三、测定、记录和数据处理

1. 确定所需数据

凡是对实验结果有关或是整理数据时必需的参数都应一一测定。原始数据记录表的设计应在实验前完成。原始数据应包括工作介质性质、操作条件、设备几何尺寸及大气条件等。

并不是所有数据都要直接测定,凡是可以根据某一参数推导出或根据某一参数由手册查出的数据,就不必直接测定。例如水的黏度、密度等物理性质,一般只要测出水温后即可查出,因此不必直接测定水的黏度、密度,而应该改测水的温度。

2. 实验数据的分割

一般来说,实验时要测的数据尽管有许多个,但常常选择其中一个数据作为自变量来控制,而把其他受其影响或控制的随之而变的数据作为因变量,如离心泵特性曲线就把流量选择作为自变量,而把其他同流量有关的扬程、轴功率、效率等作为因变量。实验结果又往往要把这些所测的数据标绘在各种坐标系上,为了使所测数据在坐标上得到分布均匀的曲线,这里就涉及实验数据均匀分割的问题。化工基础实验最常用的有两种坐标纸——直角坐标和双对数坐标,坐标不同所采用的分割方法也不同。其分割值 x 与实验预定的测定次数 n 以及其最大、最小的控制量 x_{max}、x_{min} 之间的关系如下。

(1) 对于直角坐标系

$$x_i = x_{min} \qquad \Delta x = \frac{x_{max} - x_{min}}{n-1} \qquad \Delta x_{i+1} = x_i + \Delta x$$

(2) 对于双对数坐标

$$x_i = x_{min} \qquad \lg \Delta x = \frac{\lg x_{max} - \lg x_{min}}{n-1}$$

所以

$$\Delta x = \left(\frac{x_{max}}{x_{min}}\right)^{\frac{1}{n-1}} \qquad x_{i+1} = x_i \Delta x$$

3. 读数与记录

(1) 待设备各部分运转正常、操作稳定后才能读取数据,如何判断是否已达稳定?一般是经两次测定其读数应相同或十分相近。当变更操作条件后各项参数达到稳定需要一定的时间,因此也要待其稳定后方可读数,以排除因仪表滞后现象导致读数不准的情况,否则易造成实验结果无规律甚至反常。

(2) 同一操作条件下,不同数据最好是数人同时读取,若操作者同时兼读几个数据时,应尽可能动作敏捷。

(3) 每次读数都应与其他有关数据及前一点数据对照,看看相互关系是否合理,如不合理应查找原因,是现象反常还是读错了数据,并要在记录上注明。

(4) 所记录的数据应是直接读取的原始数值,不要经过运算后记录,例如秒表读数 1 分 23 秒,应记为 $1'23''$,不要记为 $83''$。

(5) 读取数据必须充分利用仪表的精度,读至仪表最小分度以下一位数,这个数应为估计值。如水银温度计最小分度为 0.1℃,若水银柱恰好指在 22.4℃时,应记为 22.40℃。注意过多取估计值的位数是毫无意义的。

碰到有些参数在读数过程中波动较大,首先要设法减小其波动。在波动不能完全消除情况下,可取波动的最高点与最低点两个数据,然后取平均值,在波动不很大时可取一次波动的高低点之间的中间值作为估计值。

(6) 不要凭主观臆测修改记录数据,也不要随意舍弃数据,对可疑数据,除有明显原因,如读错、误记等情况使数据不正常可以舍弃之外,一般应在数据处理时检查处理。

(7) 记录完毕要仔细检查一遍,有无漏记或记错之处,特别要注意仪表上的计量单位。实验完毕,须将原始数据记录表格交指导教师检查并签字,认为准确无误后方可结束实验。

4. 数据的整理及处理

（1）原始记录只可进行整理，绝不可以随便修改。经判断确实为过失误差造成的不正确数据须注明后可以剔除，不计入结果。

（2）采用列表法整理数据清晰明了，便于比较，一张正式实验报告一般要有四种表格：原始数据记录表、中间运算表、综合结果表和结果误差分析表。中间运算表之后应附有计算示例，以说明各项之间的关系。

（3）运算中尽可能利用常数归纳法，以避免重复计算，减少计算错误。例如流体阻力实验，计算 Re 和 λ 值，可按以下方法进行。例如，Re 的计算：

$$Re = \frac{du\rho}{\mu}$$

式中，d、μ、ρ 在水温不变或变化甚小时可视为常数，合并为：

$$A = \frac{d\rho}{\mu}$$

故有：$Re = Au$

A 的值确定后，改变 u 值可算出 Re 值。

又例如，管内摩擦系数 λ 值的计算，由直管阻力计算公式：

$$\Delta p = \lambda \frac{l}{d} \times \frac{\rho u^2}{2}$$

得

$$\lambda = \frac{d}{l} \times \frac{2}{\rho} \times \frac{\Delta p}{u^2} = B' \frac{\Delta p}{u^2}$$

式中常数：

$$B' = \frac{d}{l} \times \frac{2}{\rho}$$

实验中流体压降 Δp，用 U 形压差计读数 R 测定，则：

$$\Delta p = gR(\rho_0 - \rho) = B'' R$$

式中常数：

$$B'' = g(\rho_0 - \rho)$$

将 Δp 代入上式整理为：

$$\lambda = B'B'' \frac{R}{u^2} = B \frac{R}{u^2}$$

式中常数 B 为：

$$B = \frac{d}{l} \times \frac{2g(\rho_0 - \rho)}{\rho}$$

仅有变量 R 和 u，这样 λ 的计算非常方便。

（4）实验结果及结论用列表法、图示法或回归分析法来说明都可以，但均需标明实验条件。列表法、图示法和回归分析法详见第三章实验数据的处理。

四、实验安全与环保

初次进到化工基础实验室实验，为保证人身健康安全、公物财产的正常使用等，还需了解化工实验室所应遵循的安全与环保操作规范。

1. 实验室安全操作规范

（1）电器仪表

① 进实验室时，必须清楚总电闸、分电闸所在处，正确开启。

② 使用仪器时，应注意仪表的规格，所用的规格应满足实验的要求（如交流或直流电表、规格等），同时在使用时也要注意读数是否有连续性等。

③ 实验时不要随意触摸接线处，不得随意拖拉电线，电动机、搅拌机、泵、风机转动时，勿使衣服、头发、手等卷入。

④ 实验结束后，关闭仪器电源和总电闸。

⑤ 电器设备维修时应注意停电作业。

⑥ 对使用高电压、大电流的实验，至少要有2～3人进行操作。

(2) 气瓶

① 使用高压气瓶（尤其是可燃、有毒的气体）应先通过感官和其他方法检查有无泄漏，可用皂液（氧气瓶不可用）等方法查漏，若有泄漏不得使用。若使用中发生泄漏，应先关紧阀门，再由专业人员处理。

② 开启或关闭气阀应缓慢进行，以保护稳压阀和仪器。操作者应侧对气体出口处，在减压阀与钢瓶接口处无泄漏的情况下，应首先打开钢瓶阀，然后调节减压阀。关气时应先关闭钢瓶阀，放尽减压阀中余气，再松开减压阀。

③ 钢瓶内气体不得用尽，压力达到1.5MPa以下时应调换新钢瓶。

④ 搬运或存放钢瓶时，瓶顶稳压阀应戴保护帽，以防碰坏阀嘴。

⑤ 钢瓶放置应稳固，勿使之受震坠地。

⑥ 禁止把钢瓶放在热源附近，应距热源80cm以外，钢瓶温度不得超过50℃。

⑦ 可燃性气体（如氢气、液化石油气等）钢瓶附近严禁明火。

(3) 化学药品 一切药品瓶上都应贴标签；使用化学药品后立即盖好塞子并把药瓶放回原处，用药勺取固体药品或用量筒取液体药品时，必须擦洗干净。在天平上称量固体药品时，应少取药品，并逐渐加到天平托盘上，以免浪费。

(4) 火灾预防

① 在火焰、电加热器或其他热源附近严禁放置易燃物，工作完毕，立即关闭所有热源。

② 灼热的物品不能直接放在实验台上，倾注或使用易燃物时，附近不得有明火。

③ 在蒸发、蒸馏或加热回流易燃液体过程中，实验人员绝对不许擅自离开。不许用明火直接加热，应根据沸点高低分别用水浴、砂浴或油浴加热，并注意室内通风。

④ 如不慎将易燃物倾倒在实验台或地面上，应迅速切断附近的电炉、喷灯等加热源，并用毛巾或抹布将流出的易燃液体吸干，室内立即通风、换气。身上或手上若沾上易燃物时，应立即清洗干净，不得靠近热源。

2. 实验室安全事故处理预案

在实验操作过程中，总会不可避免地发生危险事故，如火灾、触电、中毒及其他意外事故。为了及时阻止事故进一步扩大，在紧急情况下，应立即采取果断有效的措施。

(1) 割伤 取出伤口中的玻璃碎片或其他固体物，然后抹上红药水并包扎。

(2) 烫伤 切勿用水冲洗。轻伤涂以烫伤油膏、玉树油、鞣酸油膏或黄色的苦味酸溶液；重伤涂以烫伤油膏后去医院治疗。

(3) 试剂灼伤 被酸（或碱）灼伤，应立即用大量水冲洗，然后相应地用饱和碳酸氢钠溶液或2%醋酸溶液洗，最后再用水洗。严重时要消毒，拭干后涂以烫伤油膏。

(4) 酸（碱）溅入眼内 立刻用大量水冲洗，然后相应地用1%碳酸氢钠溶液或1%硼酸溶液冲洗，最后再用水冲洗。溴水溅入眼内与酸溅入眼内的处理方法相同。

(5) 吸入刺激性或有毒气体 立即到室外呼吸新鲜空气。如有昏迷休克、虚脱或呼吸机能不全者，可人工呼吸，可能时可给予氧气和浓茶、咖啡等。

(6) 毒物进入口内

① 腐蚀性毒物　对于强酸或强碱，先饮大量水，然后相应服用氢氧化铝膏、鸡蛋白或醋、酸果汁，再以牛奶灌注。

② 刺激剂及神经性毒物　先以适量牛奶或鸡蛋白使之立即冲淡缓和，再以 15～25mL 1‰硫酸铜溶液内服，之后用手指伸入咽喉部促使呕吐，然后立即送往医院。

（7）触电

① 应迅速拉下电闸，切断电源，使触电者脱离电源，或戴上橡皮手套穿上胶底鞋或踏在干燥木板上绝缘后将触电者从电源上拉开。

② 将触电者移至适当地方，解开衣服，必要时进行人工呼吸及心脏按摩，并立即找医生处理。

（8）火灾

① 一旦发生火灾，应保持沉着镇静，首先切断电源，熄灭所有加热设备，移出附近的可燃物，关闭通风装置，减少空气流通，防止火势蔓延。同时尽快拨打"119"求救。

② 要根据起因和火势选用合适的方法。一般的小火可用湿布、石棉布或砂子覆盖燃烧物即可熄灭。火势较大时应根据具体情况采用下列灭火器。

四氯化碳灭火器：用于扑灭电器内或电器附近着火，但不能在狭小的、通风不良的室内使用（因为四氯化碳在高温时将生成剧毒的光气）。使用时只需开启开关，四氯化碳即会从喷嘴喷出。

二氧化碳灭火器：适用性较广。使用时应注意，一般灭火器都有保险销，应首先拔下保险销（即拔掉提手根部的铁环），然后一手提灭火器，一手应握在喇叭筒的把手上（不能握在喇叭筒上，否则易被冻伤），对准火源握压提手处的压把。

泡沫灭火器：火势大时使用，非大火时通常不用，因事后处理较麻烦。使用时将筒身颠倒即可喷出大量二氧化碳泡沫。

无论使用何种灭火器，皆应从火的四周开始向中心扑灭，由近及远。若身上的衣服着火，切勿奔跑，赶快脱下衣服；或用厚的外衣包裹使火熄灭；或用石棉布覆盖着火处；或就地卧倒打滚；或打开附近的自来水冲淋使火熄灭。较严重者应躺在地上（以免火焰烧向头部）用防火毯紧紧包住直至火熄灭。烧伤较重者，立即送往医院。

若个人力量无法有效阻止事故进一步发生，应该立即拨打"119"求救。

3. 实验室环保操作规范

（1）处理废液、废物时，一般要戴上防护眼镜和橡皮手套。有时要穿防毒服装。处理有刺激性和挥发性废液时，要戴上防毒面具，在通风橱内进行。

（2）接触过有毒物质的器皿、滤纸等要收集后集中处理。

（3）废液应根据物质性质的不同分别集中在废液桶内，贴上标签，以便处理。在集中废液时要注意，有些废液不可以混合，如过氧化物和有机物、盐酸等挥发性酸与不挥发性酸、铵盐及挥发性胺与碱等。

（4）实验室内严禁吃食品，离开实验室要洗手，如面部或身体被污染必须清洗。

（5）实验室内采用通风、排毒、隔离等安全环保防范措施。

五、编写实验报告

实验报告是实验工作的全面总结和系统概括，是实践环节中不可缺少的一个重要组成部分。化工基础实验具有显著的工程性，属于工程技术科学的范畴，它研究的对象是复杂的实际问题和工程问题，因此化工基础的实验报告可以按传统实验报告格式或小论文格式撰写。

本课程实验报告的内容应包括以下几项。

1. 实验基本信息

包括实验名称，报告人姓名、班级及同组实验人姓名，实验地点，指导教师，实验日期，上述内容作为实验报告的封面。

2. 实验目的

简明扼要地说明为什么要进行本实验，实验要解决什么问题。

3. 实验的理论依据（实验原理）

简要说明实验所依据的基本原理，包括实验涉及的主要概念，实验依据的重要定律、公式及据此推算的重要结果。要求准确、充分。

4. 实验装置流程

简单地画出实验装置流程示意图和测试点、控制点的具体位置及主要设备、仪表的名称。标出设备、仪器仪表及调节阀等的标号，在流程图的下方写出图名及与标号相对应的设备、仪器等的名称。

5. 实验操作要点及注意事项

根据实际操作程序划分为几个步骤，并在前面加上序数词，以使条理更为清晰。对于操作过程的说明应简单、明了。

对于容易引起设备或仪器仪表损坏、容易发生危险以及一些对实验结果影响比较大的操作，应在注意事项中注明，以引起注意。

6. 原始数据记录

记录实验过程中从测量仪表所读取的数值。读数方法要正确，记录数据要准确，要根据仪表的精度决定实验数据的有效数字的位数。

7. 数据处理

数据处理是实验报告的重点内容之一，要求将实验原始数据经过整理、计算、加工成表格或图的形式。表格要易于显示数据的变化规律及各参数的相关性；图要能直观地表达变量间的相互关系。化工基础实验数据均可采用实验数据处理系统进行自动处理，只要求学生以某一组原始数据为例，列出计算过程，以掌握本实验数据整理表中的结果是如何得到的。

8. 实验结果的分析与讨论

实验结果的分析与讨论是作者理论水平的具体体现，也是对实验方法和结果进行的综合分析研究，是工程实验报告的重要内容之一，主要内容包括：

（1）从理论上对实验所得结果进行分析和解释，说明其必然性；

（2）对实验中的异常现象进行分析讨论，说明影响实验的主要因素；

（3）分析误差的大小和原因，指出提高实验结果的途径；

（4）将实验结果与前人和他人的结果对比，说明结果的异同，并解释这种异同；

（5）本实验结果在生产实践中的价值和意义，推广和应用效果的预测等；

（6）由实验结果提出进一步的研究方向或对实验方法及装置提出改进建议等。

9. 思考题

结合实验过程及实验原理，分析回答思考题。

第五章 实验相关仪器仪表知识

一、涡轮流量计

1. 涡轮流量计原理

涡轮流量计是依据动量矩守恒原理设计的,涡轮叶片受流体的冲击而旋转,转速与流量成对应关系,通过磁电转换装置,将转速转换成电脉冲信号,通过测量脉冲频率可将脉冲转换成电压或电流输出测取流量。

2. 涡轮流量计结构

涡轮流量计又称涡轮流量传感器,由涡轮、磁电转换装置和前置放大器三部分组成。按构造可分为切线型和轴流型,图5-1是轴流型的涡轮流量计。

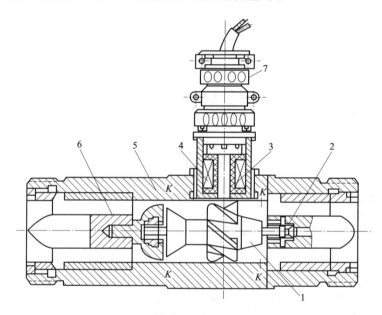

图 5-1 轴流型涡轮流量计结构

1—涡轮;2—支承;3—永久磁钢;4—感应线圈;5—壳体;6—导流器;7—前置放大器

涡轮由导磁不锈钢材料制成,前后装有导流器,用来消除漩涡,对流体起整流作用。磁电转换装置由永久磁钢和线圈组成。为了增大传送距离和避免信号因干扰而难以识别,信号先经前置放大器放大后再输出。

3. 涡轮流量计的特点

① 精确度高,基本误差为±0.2%～±1.0%,在小范围内误差小于或等于±0.1%,可作为流量的准确计量仪表。

② 反应迅速,可测脉动流量,量程比为(10:1)～(20:1),线性刻度。

③ 由于磁电感应转换器与叶片间不需密封和齿轮传动,因而测量精度高,可耐高压,被测介质静压可达16MPa。压损小,一般压力损失在$(5～75)\times10^3$Pa范围内,最大不超过1.2×10^5Pa。

④ 涡轮流量计输出为与流量成正比的脉冲数字信号，具有在传输过程中准确度不降低、易于累积、易于输入计算机系统的优点。缺点是制造困难，成本高。又因涡轮高速转动，轴承易被磨损，降低了长期运转的稳定性，缩短了使用寿命。由于以上原因，涡轮流量计主要用于测量精确度要求高、流量变化迅速的场合，或者作为标定其他流量计的标准仪表。

4. 涡轮流量计使用注意事项

① 要求被测流体洁净，以减少对轴承的磨损和防止涡轮被卡住，故应在变送器前加过滤装置，安装时要设旁路。

② 变送器一般应水平安装。变送器前的直管段长度应在 10 倍直径以上，后面为 5 倍直径以上。在安装和使用时应注意被测流体的流动方向要与流量计所标箭头一致。

③ 可用于测量轻质油（汽油、煤油、柴油等）、低黏度的润滑油及腐蚀性不大的酸碱溶液的流量，不适于测量黏度较高的介质流量。对于液体，介质黏度应小于 $5×10^{-6} m^2/s$，并根据流体密度和黏度考虑是否对流量计的特性进行修正。

④ 凡测量液体的涡轮流量计，在使用中切忌有高速气体引入，特别是测量易汽化的液体和液体中含有气体时，必须在变送器前安装消气器。这样既可避免高速气体引入而造成叶轮高速旋转，致使零部件损坏，又可避免气、液两相同时出现，从而提高测量精确度和涡轮流量计的使用寿命。当遇到管路设备检修采用高温蒸汽清扫管路时，切忌冲刷仪表，以免损坏。

二、压力测量仪表

在工程上，压强的表示常采用两种方式。即绝对压强和表压（或真空度）。当以绝对零压强为基准时，所测得的压强称为绝对压强；若以当地的大气压为测量基准时，所得压强称为表压（或真空度）。表压或真空度与绝对压强的关系都与当地的大气压强有关。在实际的压强测定过程中，得到的都是测试点的表压或者真空度。

用于测定静压强的仪器仪表种类繁多，测压的原理也有很大差异。下面介绍一些实验室常用的测压仪器。

1. 大气压力计

用于测定大气压强的仪器，目前使用最多的是福廷式气压计，其结构如图 5-2 所示。福廷式气压计的主要部件是一根 90cm 长的玻璃管，上端封闭下端插入汞槽内。玻璃管内盛汞，汞面上方为真空。汞槽通大气，汞槽的下部为一羚羊皮袋，用以调节汞槽的容积。

福廷式气压计必须垂直放置，否则会引入一定的测量误差。

采用福廷式气压计测量大气压强时，首先需要通过汞槽液面调节螺旋，将汞槽液面调至与零点象牙针恰好接触，然后转动游标尺调节螺旋，使游标尺的下沿与玻璃管中汞柱的凸面相切。此时，可从黄铜标尺上读出大气压的整数部分，从游标尺上读出大气压的小数部分。

如果需要得到较精确的大气压强值，还必须进行仪器校正、温度校正、纬度和海拔高度的校正。

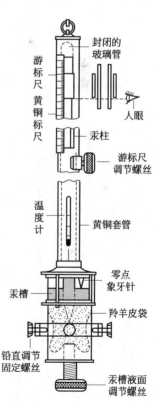

图 5-2 福廷式气压计结构

2. 弹簧管压强计

弹簧管压强计是工业生产上应用广泛的一种测压仪表，单圈弹簧管的应用最多，其结构如图 5-3 所示。

其中心部分是一根呈弧形的空心管。一头封闭并连接在传动机构上；另一端开口与压强测试口相接。当空心管内压强与外界大气压不相等时，此空心弧形管会受到一定的作用力而发生弹性变形（管内压力高时，空心弧形管伸展；管内压力小于外界大气压时，空心弧形管将收缩）。弧形管微小的伸缩量经传动装置放大，使指针显示相应的压力值。所得到的这一压力值即为表压。

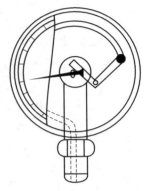

图 5-3 弹簧管压强计结构

由于弹簧管压强计是利用金属管的弹性变形来测定压强的，故其测压精度较低，且不宜测量对空心弧形管材料有腐蚀性的气体压强。

3. U 形管压差计

U 形管液柱压差计的结构如图 5-4 所示。其主要部件为 U 形玻璃管和一根标尺，U 形玻璃管内装有指示液。U 形管液柱压差计的结构非常简单，使用也很方便，关键问题是指示液的选取。指示液必须与被测体互不相溶、不起化学反应，且其密度要大于被测液体的密度。

对于测压口 a 和 b 之间的压强差，根据静力学原理可得：

$$\Delta p = p_a - p_b = \rho g R$$

式中 Δp——a、b 间的压强差，Pa；

ρ——指示液的密度，kg/m³；

g——重力加速度，9.81m/s²；

R——压差计的读数，m。

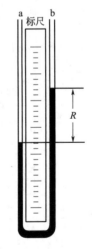 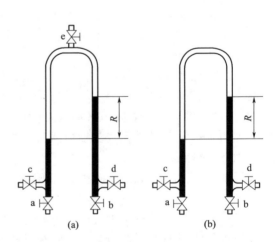

图 5-4 U 形管液柱压差计结构　　图 5-5 倒置 U 形管压差计结构

目前在实验室内使用的 U 形管液柱压差计有两种不同的标尺，一种是米尺，另一种为千帕尺。千帕尺通常以水作指示液进行刻度。对于采用第一种标尺的 U 形管液柱压差计，只需读取指示液的液面高度差 R，代入上式就可以计算出压力差 Δp。但对于采用第二种标尺的 U 形管液柱压差计，当以水作指示液来测量气体的压差时，可根据指示液的液面差直

接读出压力差 Δp，单位为 kPa。当使用情况与上述条件不符时，则必须进行换算。若以密度为 ρ_i 的某种液体为指示液来测定密度为 ρ 的流体压差时，则必须进行换算。设由压差计直接读得的压力差为 Δp(Pa)，则实际压力差 $\Delta p'$(Pa) 为：

$$\Delta p' = \frac{(\rho_i - \rho)\Delta p}{1000}$$

由上式可知，对于相同的测试压差 Δp，当指示液的密度与被测流体的密度相差较大时，其读数 R 值较小，U 形管液柱压差计的精度和灵敏度下降；但当指示液的密度与被测流体的密度相差较小时，读数 R 值又会很大，造成读数的困难。因此，在实际使用中需根据测试要求选择合适的指示液。常用的指示液有汞、四氯化碳、水和液体石蜡等。

4. 倒置 U 形管压差计

倒置 U 形管压差计的结构如图 5-5 所示。倒置 U 形管的阀门 c、d 为测压口，工作时与待测的管路并联，底部阀门 a、b 和排气阀门 e 用于排气和调节液柱高度。倒置 U 形管压差计以被测液体本身作为指示液。正常使用时，倒置 U 形管的上方为空气柱，两个液柱面的高度差 R 表示被测压强差。当两被测端处于同一水平面时，压强差计算：

$$\Delta p = (\rho_i - \rho)gR$$

式中 Δp——两个被测端的压强差，Pa；

R——两个液柱面的高度差，m；

ρ——空气的密度，kg/m³；

ρ_i——被测液体的密度，kg/m³。

通常，被测液体的密度 ρ_i 比空气的密度 ρ 大得多，故空气的密度 ρ 可以忽略不计，即有 $\rho_i - \rho \approx \rho_i$，代入可得：

$$\Delta p = Rg\rho_i$$

倒置 U 形管压差计的校准包括排除气泡和液位调校两个步骤。

① 排除气泡 对于图 5-5(a) 所示的倒置 U 形管压差计，在被测主管内已充满被测流体，且液体静止的情况下，先关闭倒置 U 形管压差计测量端的两个阀门 c 和 d，同时打开底部阀门 a、b 和排气阀门 e，使测压管路的空气尽可能由这些阀门排出（必要时也可以在主管路液体流动的情况下进行此操作，以利于完全排除气泡）。然后，在主管路流量为零的状态下，关闭底部阀门 a、b，同时打开阀门 c、d（此时排气阀门 e 仍然处于打开状态），使液体慢慢进入倒置 U 形管，待液面升至一半刻度时，关闭排气阀门 e。对于图 5-5(b) 所示的倒置 U 形管压差计，由于没有排气阀门 e，必须在主管路液体流动的情况下，关闭底部阀门 a、b，同时全开测量端两个阀门 c、d，必要时加大主管流体流速，以完成排气操作。

② 液位调校 如果倒置 U 形管内液位过高，可以先关闭测量端两个阀门 c、d，再小心打开底部阀门 a、b，排掉一部分流体；如果倒置 U 形管内液位过低，可关闭阀门 b、c，小心打开阀门 a、d，让部分空气排出，以使液位适中。调校完毕之后，即可关闭底部阀门 a、b，同时全开测量端两个阀门 c、d，进行正常测量。

5. 双液液柱压差计

双液液柱压差计（图 5-6）的主要部件也是一支 U 形玻璃管和一根标尺，与 U 形管液柱压差计不同的是，双液液柱压差计的 U 形管中需加

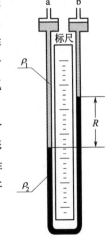

图 5-6 双液液柱压差计的结构

入两种指示液,且两种指示液互不相溶,有明显的界面。U 形管上部有两个指示液扩张室,由于扩张室有足够大的截面,因此当读数 R 变化时,两扩张室中液面不会有明显的变化。

双液液柱压差计主要用于气体压差的测定,根据静力学方程可得:

$$\Delta p = p_a - p_b = (\rho_2 - \rho_1) g R$$

式中 Δp——a、b 间的压强差,Pa;

ρ_2——下部指示液的密度,kg/m³;

ρ_1——上部指示液的密度,kg/m³;

g——重力加速度,9.81 m/s²;

R——两种指示液界面的高度差,m。

由上式可知,当两种指示液的密度差很小时,即使 Δp 较小也会有比较大的读数 R,故可以提高测量的精度。

目前,工业上常用的双液液柱压差计的指示液有石蜡油和工业酒精;而实验室常用苯甲醇和氯化钙溶液,氯化钙溶液的密度可通过其浓度来进行调节。

6. 电子压差计

随着科学技术的发展,工业生产自动化程度的提高,电子压差计在实际应用中的比例愈来愈大。电子压差计是一种二次显示仪表,可自动采集数据并进行远程数据传送,给自动检测和数据处理提供了方便。

电子压差计的种类繁多,但其工作原理是基本相同的,电子压差计的工作原理如图 5-7 所示。

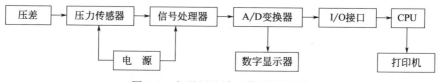

图 5-7 电子压差计工作原理框图

由于电子压差计是由许多电子元件组成的,因此零点漂移比较严重,当环境温度变化较大时,测量误差也会随之增加,使用时必须让仪表稳定一段时间后,才可以用于压差的测量。当所测压差较小时,对电子压差计而言,产生的电信号往往很弱,需要多级放大。因此,电子压差计的测压精确度比 U 形管液柱压差计差。

7. 测压仪表的选用

测压仪表的种类很多,选择一个合适的压强计是保证测量工作顺利进行的关键。在需要进行压力测定时,首先要了解测压范围、所需的测压精度、压强计使用的工况条件等,才能正确地选择出一种可满足测压要求的压强计。测压仪表的选用一般需考虑以下几个问题。

(1) 确定测压仪表的种类 如果所测的压力数据需自动采集或进行远程传递,则必须选用二次测压仪表,否则一次、二次仪表均可。若根据测压要求,可使用一次仪表时,应考虑首选一次仪表。因为一次仪表价格较低、维修方便;而二次仪表不仅价格较贵,且影响测压的因素太多,所测数据往往不太可靠。因此,在实际工业生产过程中,一般在安装二次仪表的地方,同时装有一个一次仪表,以便进行比对。

(2) 选择测压仪表的量程和精度 首先要了解所需测定的压强大小、变化范围,以及对测量精度的要求,然后选择适当量程和精度的测压仪表。因为仪表的量程会直接影响测量数据的相对误差,所以选择仪表时要同时考虑精度和量程。若选择 U 形管液柱压差计,则必须考虑选用何种指示液，以及在测压范围内读数 R 值的大小。R 值很大时，会造成 U 形玻璃管过长，导致读数困难；如果 R 值变化较小，则又无法保证测压的精度，故指示液的选择必须恰当。当所需测定的压差范围很小时，则必须使用双液液柱压差计来提高测量的精度。

（3）工作环境对测压仪表的影响　在选择测压仪表时，还必须了解测压点的工况。如果所需测定的压差不大，但测压点的绝对压强比较高时，U 形管液柱压差计就不能使用了，因为读数 R 可能太大，造成使用不方便，且玻璃管的耐压性能较差，易炸裂。如果所需测定的介质为腐蚀性物质，则弹簧管压强计就不宜直接使用。如果测压点的环境温度变化较大，则选用二次仪表时可能会有较大的测量误差。因此，在选用测压仪表时，应该综合考虑各种因素的影响。

三、数字式显示仪表

在生产过程中，各种工艺参数经检测元件和变送器变换后，多数被转换成相应的电参量的模拟量。由于从变送器得到的电参量信号较小，通常必须要进行前置放大，然后再经过模数转换（简称 A/D 转换）器，把连续输入的模拟信号转换成数字信号。

在实际测量中，被测变量经检测元件及变压器转换后的模拟信号与被测变量之间有时为非线性函数关系，这种非线性函数关系对于模拟式显示仪表可采用非等分标尺刻度的办法方便地加以解决。但在数字式显示仪表中，由于经模数转换后直接显示被测变量的数值，所以为了消除非线性误差，必须在仪表中加入非线性补偿。一台数字式显示仪表应具备以下基本功能。

1. 模-数转换功能

模-数转换是数字式显示仪表的重要组成部分。它的主要任务是使连续变化的模拟量转换成与其成比例的、连续变化的数字量，以便于进行数字显示。要完成这一任务必须用一定的计量单位使连续量整量化，才能得到近似的数字量。计量单位越小，整量化的误差也就越小，数字量就越接近连续量本身的值。显然，分割的阶梯（即量化单位）越小，转换精度就越高，但这要求模数转换装置的频率响应、前置放大的稳定性等也越高。使模拟量整量化的方法很多，目前常用的有以下三大类：时间间隔数字转换、电压-数字转换（V/D 转换）、机械量数字转换。

实际上经常是把非电量先转换成电压，然后再由电压转换成数字，所以 A/D 转换的重点是 V/D 转换。电压数字转换的方法有很多，例如单积分型、双积分型、逐次比较型等，详细内容可参见有关教材。

2. 非线性补偿功能

数字式显示仪表的非线性补偿，就是指将被测变量从模拟量转换到数字显示这一过程中，如何使显示值和仪表的输入信号之间具有一定规律的非线性关系，以补偿输入信号和被测变量之间的非线性关系，从而使显示值和被测变量之间呈线性关系。目前常用的方法有模拟式非线性补偿法、非线性模数转换补偿法、数字式非线性补偿法。数字式非线性补偿通用性较强。

数字式线性化是在 A/D 转换之后的计数过程中，进行系数运算而实现非线性补偿的一种方法。它又可分为两大类：一类是普通的数字显示仪表采用"分段系数相乘法"，基本原则与 A/D 转换一样，是"以折代曲"，将不同斜率的折线段乘以不同的系数，就可以使非线性的输入信号转换为有着同一斜率的线性输出，达到线性化的目的；另一类是智能化数显仪表采用的"软件编程法"，它可将标度变换和线性化同时实现，使仪表硬件大大减少，明显优于普通数显仪表。

3. 标度变换功能

标度变换的含义就是比例尺的变更。测量信号与被测变量之间往往存在一定的比例关系，测量值必须乘上某一常数，才能转换成数字式仪表所能直接显示的变量值，如温度、压力、流量等，这就存在一个量纲还原问题，通常称之为"标度变换"。

标度变换与非线性补偿一样也可以采用对模拟量先进行标度变换后，再送至 A/D 转换器变成数字量，也可以先将模拟量转换成数字量后，再进行数字式标度变换。模拟量的标度变换较简单，它一般是在模拟信号输入的前置放大器中，通过改变放大器的放大倍数来达到，因而使模拟量的标度变换方法较简单。

可见，一台数字式显示仪表应具备模数转换、非线性补偿及标度变换三大部分。这三部分又各有很多种类，三者相互巧妙地结合，可以组成适用于各种不同要求的数字式显示仪表。

4. 智能化显示仪表

智能化显示仪表是在数字式显示仪表的基础上，仍具有数字显示仪表的外形，但内部加入了 CPU 等芯片，使显示仪表的功能智能化。一般都具有量程自动切换、自校正、自诊断等一定的人工智能分析能力。传统仪表中难以实现的如通信、复杂的公式修正运算等问题，对智能仪表而言，只要软、硬件设计配合得当，则是轻而易举的事情。而且与传统仪表相比，其稳定性、可靠性、性能价格比都大大提高。

智能化仪表硬件结构的核心是单片机芯片（简称单片机），在一块小小的芯片上，同时集成了 CPU、存储器、定时/计数器、串并行输入输出口、多路中断系统等。有些型号的单片机还集成了 A/D 转换器、D/A 转换器，采用这样的单片机，仪表的硬件结构还要简单。

仪表的监控程序固化在单片机的存储器中。单片机包含的多路并行输入输出口，有的可作为仪表面板轻触键和开关量输入的接口；有的用于 A/D、D/A 芯片的接口；有的可作为并行通信接口（如连接一个微型打印机等）；串行输入输出口可用于远距离的串行通信；多路中断处理系统能应付各种突发事件的紧急处理。

智能化显示仪表的输入信号除开关量的输入信号与外部突发事件的中断申请源之外，主要为多路模拟量输入信号，可以连接多种分度号的热电偶和热电阻及变送器的信号，监控程序会自动判别，量程也会自动调整。输出信号有开关量输出信号、串并行通信信号、多路模拟控制信号等。

智能化显示仪表的操作既可用仪表面板上的轻触键来设定，也可借助串行通信口由上位机来远距离设定与遥控。可让仪表巡回显示多路被测信号的测量值、设定值，也可随意指定显示某一路的测量值、设定值。

四、热电偶温度计

作为工业测温中最广泛使用的温度传感器之一的热电偶，与铂热电阻一起，约占整个温度传感器总量的 60%，热电偶通常和显示仪表等配套使用，直接测量各种生产过程中 $-40\sim-1800$℃ 范围内的液体、蒸汽和气体介质以及固体的表面温度。

1. 热电偶工作原理

两种不同成分的导体两端接合成回路，当接合点的温度不同时，在回路中就会产生电动势，这种现象称为热电效应，而这种电动势称为热电势。热电偶就是利用这种原理进行温度测量的。其中，直接用作测量介质温度的一端叫做工作端（也称为测量端），另一端叫做冷端（也称为补偿端）；冷端与显示仪表或配套仪表连接，显示仪表会指出热电偶所产生的热电势。

热电偶实际上是一种能量转换器,它将热能转换为电能,用所产生的热电势测量温度。对于热电偶的热电势,应注意如下几个问题。

(1) 热电偶的热电势是热电偶两端温度函数的差,而不是热电偶两端温度差的函数。当热电偶的材料是均匀时,热电偶所产生的热电势的大小与热电偶的长度和直径无关,只与热电偶材料的成分和两端的温差有关。

(2) 当热电偶的两个热电偶丝材料成分确定后,热电偶热电势的大小只与热电偶的温度差有关。若热电偶冷端的温度保持一定,则热电偶的热电势与工作端温度之间可呈线性或近似线性的单值函数关系。

工业测温用的热电偶,其基本构造包括热电偶丝材、绝缘管、保护管和接线盒等。热电偶测温系统见图 5-8。

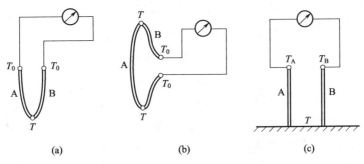

图 5-8 热电偶测温系统

热电偶的工作端被牢固地焊接在一起,热电极之间需要用绝缘管保护。热电偶的绝缘材料很多,大体上可分为有机绝缘和无机绝缘两类。处于高温端的绝缘物必须采用无机物,通常在 1000℃ 以下选用黏土质绝缘管,在 1300℃ 以下选用高铝管,在 1600℃ 以下选用刚玉管。

保护管的作用在于使热电偶电极不直接与被测介质接触,它不仅可延长热电偶的寿命,还可起到支撑和固定热电极,增加其强度的作用。因此,热电偶保护管及绝缘选择是否合适,将直接影响到热电偶的使用寿命和测量的准确度,被用作保护管的材料主要分为金属和非金属两大类。

2. 热电偶冷端的温度补偿

由热电偶测温原理可知,只有当冷端温度保持不变时,热电偶才是热端温度的单值函数,因此必须设法维持冷端温度恒定,为保持冷端温度的恒定,可采用如下几种措施。

(1) 冰浴法 先将热电偶冷端放在盛有绝缘油的试管中,然后再将试管放入盛满冰水混合物的容器中,使冷端保持 0℃,通常的热电势-温度曲线都是在冷端温度为 0℃ 时测得的。

(2) 恒温槽测温法 将热电偶冷端放入恒温槽中,保持冷端温度固定在 T_0 温度。此时热电势可由下式计算:

$$E(0℃, T) = E(0℃, T_0) + E(T_0, T)$$

式中 $E(0℃, T)$——冷端温度为 0℃ 时的电动势;

$E(T_0, T)$——冷端温度为 T_0 时的电动势;

$E(0℃, T_0)$——从标准电动势-温度关系曲线中查得的 T_0 的电动势。

(3) 使用补偿导线法 若冷端距热端很近时,很难保证冷端温度不变。较好的解决方法是使用补偿导线让冷端远离热端，再进行恒温。可按图5-9所示方法在热电偶线路中接入适当的补偿导线。

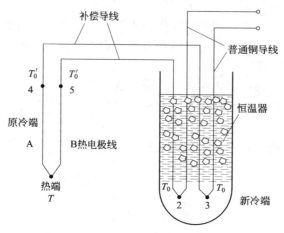

图 5-9　热电偶冷端补偿

一般要求补偿导线在0～100℃与所连接的热电极具有相同的热电性能，且价格比较低廉。接入补偿导线时应注意检查极性（补偿导线的正极性连接热电偶的正极）。确定补偿导线的长度时，应保证两根补偿导线的电阻与热电偶的电阻之和不超过仪表外电路电阻的规定值，热电偶和补偿导线连接处的温度不超过100℃，否则由于热电特性不同将产生新的误差。另外还可以采用补偿电桥法维持冷端温度恒定，具体方法参见有关论著。

3. 热电偶的类型

(1) T类，铜（+）与康铜（-）　此类热电偶的优点是价格便宜，能够在氧化、还原、真空和惰性气氛中使用，且热电势对温度的变化率较大，但测温上限偏低，只有371℃，重现性较差，故市场上很少有铜-康铜热电偶出售。

(2) J类（国产TK类），铁（+）与康铜（-）　此类热电偶价格便宜，温度低于760℃时，可以在氧化、还原或惰性气氛中使用，且热电势对温度的变化率较大，但在含硫介质中使用时，温度不能高于538℃。

(3) E类，含铬10%的镍铬合金（+）与康铜（-）　此类热电偶能在氧化或惰性气氛中使用，其适用温度范围为-250～871℃，且热电势对温度的变化率较大，但不宜在还原气氛中使用（除非加防护套管）。

(4) 国产EA类，含铬10%的镍铬合金（+）与考铜（含镍44%的镍铜合金）(-)　此类热电偶能够在还原与中性介质中使用，灵敏度高，热电势较大，价格便宜，但使用温度范围较小，长期使用时不宜超过600℃，否则考铜丝容易氧化变质。

(5) K类（国产EU类），含铬10%的镍铬合金（+）与含镍5%的镍铝或镍硅合金（-）　此类热电偶能够在氧化或惰性气氛中连续使用，也可以在酸性环境中使用。这类热电偶的热电性质比较一致，重现性较好，测温范围宽，价格便宜，但在还原和含硫气氛中使用时，必须加保护套管，因为硫易使负热电极材料迅速脆化和断裂，长期使用时，镍铝易氧化变质，热电特性改变而影响测量精度。国产的这类热电偶最高温度不宜超过1000℃。

(6) R类，含铑13%的铂铑合金（+）与铂（-）；S类（相当于国产LB类），含铑10%的铂铑合金（+）与铂（-）　这两类热电偶的优点是性能稳定，在1300℃以下的氧化和惰性气氛中能够连续使用，复制精度和测量精度也较高，常用于测量精度要求较高的场合或用作标准热电偶。缺点是不宜在高温下的还原气氛中使用，此时其热电性质是非线性的，且热电势对温度的变化率较小，成本较高。

（7）B 类（国产 LL 类），含铑 30% 的铂铑合金（＋）与含铑 6% 的铂铑合金（－）　这类热电偶比 R、S 类耐温更高，能够长期在 1600℃ 以下的氧化和中性介质中使用，但也不适用于还原性气氛，热电势对温度的变化率也较小，成本较高。

4．常用的热电偶

（1）铂铑 10-铂热电偶（分度号为 S，也称为单铂铑热电偶）　该热电偶的正极为含铑 10% 的铂铑合金，负极为纯铂。它的特点是：

① 热电性能稳定，抗氧化性强，宜在氧化性气氛中连续使用，长期使用温度可达 1300℃，超过 1400℃ 时，即使在空气中纯铂丝也将再结晶，使晶粒粗大而断裂；

② 精度高，它是在所有热电偶中，准确度等级最高的，通常用作标准或测量较高的温度；

③ 使用范围较广，均匀性及互换性好。

主要缺点有：微分热电势较小，因而灵敏度较低；价格较贵；机械强度低，不适宜在还原性气氛或有金属蒸气的条件下使用。

（2）铂铑 13-铂热电偶（分度号为 R，也称为单铂铑热电偶）　该热电偶的正极为含铑 13% 的铂铑合金，负极为纯铂。同 S 型相比，它的电势率大 15% 左右，其他性能几乎相同。该热电偶在日本产业界，作为高温热电偶用得最多，而在中国则用得较少。

（3）铂铑 30-铂铑 6 热电偶（分度号为 B，也称为双铂铑热电偶）　该热电偶的正极是含铑 30% 的铂铑合金，负极为含铑 6% 的铂铑合金。在室温下，其热电势很小，故在测量时一般不用补偿导线，可忽略冷端温度变化的影响。长期使用温度为 1600℃，短期为 1800℃。因热电势较小，故需配用灵敏度较高的显示仪表。

（4）镍铬-镍硅（镍铝）热电偶（分度号为 K）　该热电偶的正极为含铬 10% 的镍铬合金，负极为含硅 3% 的镍硅合金（有些国家的产品负极为纯镍）。可测量 0～1300℃ 的介质温度，适宜在氧化性及惰性气体中连续使用，短期使用温度为 1200℃，长期使用温度为 1000℃，其热电势与温度的关系近似线性。价格便宜，是目前用量最大的热电偶。

（5）镍铬硅-镍硅热电偶（分度号为 N）　该热电偶的主要特点是：在 1300℃ 以下抗氧化能力强，长期稳定性及短期热循环复现性好，耐核辐射及耐低温性能好。另外，在 400～1300℃ 范围内，N 型热电偶的热电特性的线性比 K 型热电偶要好；但在低温范围内（－200～400℃）的非线性误差较大。同时，材料较硬难以加工。

5．热电偶的校验

表 5-1 列出了常用热电偶校验温度点的允许误差。

表 5-1　常用热电偶校验温度点的允许误差

型号	热电偶材料	校验点/℃	热电偶允许误差			
			温度/℃	偏差/%	温度/℃	偏差/%
S	铂铑-铂	600 800 1000 1200	0～600	±2.4	＞600	±0.4
K	镍铬-镍硅（铝）	400 600 800 1000	0～400	±4	＞400	±0.75

五、热电阻温度计

热电阻是广泛用于温度测量的感温元件,它是基于金属或半导体的电阻随温度变化而变化的原理设计的。热电阻温度计主要由热电阻和二次显示仪表组成。二次显示仪表的作用是根据电阻和温度的函数关系将电阻信号转换成相应的温度显示。

能够用来制作热电阻感温元件的金属在一定温度范围内其电阻值应与温度呈线性或近似线性关系,目前工业和实验研究常用的热电阻主要有铜电阻、铂电阻和半导体热敏电阻三种。

1. 铜电阻温度计

铜电阻的优点是易于提纯和加工成丝,价格便宜,在 −50∼150℃温度范围内,电阻随温度呈线性关系变化。但是,当温度超过150℃后铜电阻容易被氧化,使电阻与温度的线性关系变差。铜的电阻率较小,为了保证一定的初始电阻值,必须采用很细的铜电阻丝,因此,铜电阻的机械强度较差,测温时滞后时间也较长。铜电阻和温度的函数关系为:

$$R_T = R_0(1 + \Delta T)$$

式中 R_T——温度为 T 时的铜电阻值,Ω;

R_0——温度为 0℃时的铜电阻值,Ω;

ΔT——温度变化值,℃;

α——平均温度电阻系数,Ω/℃。

可以看出,R_T 值与 R_0 有关,因此,要确定 R_T-T 的关系,必须先确定 R_0。常用的铜电阻有多种规格,如 $R_0 = 50Ω$、$R_0 = 53Ω$ 和 $R_0 = 100Ω$ 等。与这几种铜电阻配套的二次显示仪表也应按相应的分度表进行刻度。

2. 铂电阻温度计

铂丝也是一种常用的制造热电阻的材料,它易于提纯,具有良好的复制性,耐氧化性介质的能力比铜电阻强得多,电阻与温度的线性范围也比铜电阻大得多,其使用范围为 −260∼630℃,但它易受还原性介质的影响而变脆。在 0∼630℃的范围内,铂电阻与温度的函数关系可以用下式表示:

$$R_T = R_0(1 + AT + BT^2 + CT^3)$$

式中 T——温度,℃,

R_T——温度为 T 时的铂电阻值,Ω;

R_0——温度为 0℃时的铂电阻值,Ω;

A、B、C——常数,$A = 3.950 \times 10^{-3}℃^{-1}$;$B = 5.850 \times 10^{-7}℃^{-2}$;$C = -4.22 \times 10^{-22}℃^{-3}$。

与铜电阻温度计一样,常用的铂电阻温度计的 R_0 值也有多种,如 R_0 值为 46Ω、100Ω 和 300Ω 等,配套使用的二次显示仪表也应与相应铂电阻的分度号一致。

3. 半导体热敏电阻

半导体热敏电阻是半导体温度计的感温元件,半导体热敏电阻是由各种金属的氧化物按一定的比例混合、研磨、成型,并加热到一定的温度后结成的坚固整体。因此,它具有良好的耐腐蚀性,且热惯性小,灵敏度高,寿命长,其使用温度范围为 350℃ 以下。

六、阿贝折射仪

阿贝折射仪可直接用来测定液体的折射率,定量地分析溶液的组成,鉴定液体的纯度。同时,物质的温度、摩尔质量、密度、极性分子的偶极矩等也都与折射率相关,因此它也是物质结构研究工作的重要工具。折射率的测量,所需样品量少,测量精密度高(折射率可精确到±0.0001），重现性好，所以阿贝折射仪是教学和科研工作中常见的光学仪器。近年来，由于电子技术和电子计算机技术的发展，该仪器品种也在不断更新。

1. 测定液体介质折射率的原理

当一束单色光从介质 A 进入介质 B（两种介质的密度不同）时，光线在通过界面时改变了方向，这一现象称为光的折射，如图 5-10 所示。

光的折射现象遵从折射定律：

$$\frac{\sin\alpha}{\sin\beta} = \frac{n_B}{n_A} = n_{A,B}$$

式中，α 为入射角；β 为折射角；n_A、n_B 为交界面两侧两种介质的折射率；$n_{A,B}$ 为介质 B 对介质 A 的相对折射率。

若介质 A 为真空，规定 $n = 1.0000$，故 $n_{A,B} = 1$ 为绝对折射率。但介质 A 通常为空气，空气的绝对折射率为 1.00029，这样得到的各物质的折射率称为常用折射率，也称为对空气的相对折射率。同一物质两种折射率之间的关系为：

绝对折射率＝常用折射率×1.00029

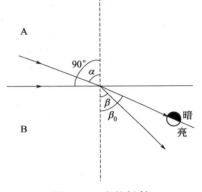

图 5-10 光的折射

根据关系式可知，当光线从一种折射率小的介质 A 射入折射率大的介质 B 时（$n_A < n_B$），入射角一定大于折射角。当入射角增大时，折射角也增大，设当入射角为 90°时，折射角为零，我们将此折射角称为临界角。因此，当在两种介质的界面上以不同角度射入光线时（入射角从 0°～90°），光线经过折射率大的介质后，其折射角小于零。其结果是大于临界角的部分无光线通过，成为暗区；小于临界角的部分有光线通过，成为亮区。临界角成为明暗分界线的位置，如图 5-10 所示。根据关系式可得：

$$n_A = n_B \frac{\sin\beta}{\sin\alpha} = n_B \sin\beta_0 \ (\alpha = 90°)$$

因此在固定一种介质时，临界折射角 β_0 的大小与被测物质的折射率呈简单的函数关系，阿贝折射仪就是根据这个原理而设计的。

2. 阿贝折射仪的结构

图 5-11 所示为阿贝折射仪的光学系统，它的主要部分是由两个折射率为 1.75 的玻璃直角棱镜所构成，上部为测量棱镜，是光学平面镜，下部为辅助棱镜。其斜面是粗糙的毛玻璃。两者之间有 0.1～0.15mm 的空隙，用于装待测液体，并使液体展开成一薄层。当从反射镜反射来的入射光进入辅助棱镜至粗糙表面时，产生漫散射，以各种角度透过待测液体，而从各个方向进入测量棱镜而发生折射。其折射角都落在临界角之内，因为棱镜的折射率大于待测液体的折射率，因此入射角从 0°～90°的光线都通过测量棱镜发生折射。具有临界角的光线从测量棱镜出来反射到目镜上，此时若将目镜十字线调节到适当位置，则会看到目镜上呈半明半暗状

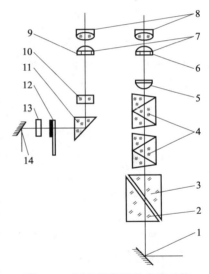

图 5-11 阿贝折射仪的光学系统
1—反射镜；2—辅助棱镜；3—测量棱镜；
4—消色散棱镜；5,10—物镜；
6,9—分划板；7,8—目镜；
11—转向棱镜；12—照明度盘；
13—毛玻璃；14—小反光镜

态。折射光都应落在临界角内,成为亮区,其他部分为暗区,构成了明暗分界线。图 5-12 为阿贝折射仪结构。

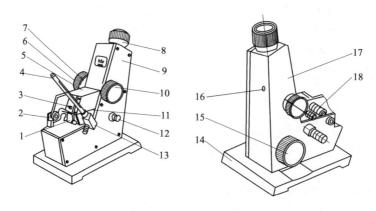

图 5-12 阿贝折射仪结构

1—反射镜;2—转轴;3—遮光板;4—温度计;5—进光棱镜盖;6—色散调节手轮;
7—色散值刻度圈;8—目镜;9—盖板;10—手轮;11—折射棱镜座;12—聚光镜;
13—温度计座;14—底座;15—折射率刻度调节手轮;16—调节螺钉;17—壳体;
18—恒温器接头(四个)

只要已知棱镜的折射率 $n_{棱}$,通过测定待测液体的临界角,就能求得待测液体的折射率 $n_{液}$。实际上测定 β_0 值很不方便,当折射光从棱镜出来进入空气又产生折射,折射角为 β'_0。$n_{液}$ 与 β'_0 之间的关系为:

$$n_{液} = \sin r \sqrt{n_{棱}^2 - \sin^2 \beta'_0} - \cos r \sin \beta'_0$$

式中,r 为常数;$n_{棱} = 1.75$。

测出 β'_0 即可求出 $n_{液}$。因为在设计折射仪时已将 β'_0 换算成 $n_{液}$ 值,故从折射仪的标尺上可直接读出液体的折射率。

在实际测量折射率时,使用的入射光不是单色光,而是使用由多种单色光组成的普通白光,因不同波长的光的折射率不同而产生色散,在目镜中看到一条彩色的光带,而没有清晰的明暗分界线,为此,在阿贝折射仪中安置了二套消色散棱镜(又叫补偿棱镜)。通过调节消色散棱镜,使测量棱镜出来的色散光线消失,明暗分界线清晰,此时测得的液体的折射率相当于用单色光钠光 D 线所测得的折射率 n_D。

3. 阿贝折射仪使用方法

(1) 仪器安装 将阿贝折射仪安放在光亮处,但应避免阳光直接照射,以免液体试样受热迅速蒸发。将超级恒温槽与其相连接使恒温水通入棱镜夹套内,检查目镜上温度计的读数是否符合要求,一般选用 (20.0±0.1)℃ 或 (25.0±0.1)℃。

(2) 加样 旋开测量棱镜和辅助棱镜的闭合旋钮,使辅助棱镜的磨砂斜面处于水平位置,若棱镜表面不清洁,可滴加少量丙酮,用擦镜纸顺单一方向轻擦镜面(不可来回擦)。待镜面洗净干燥后,用滴管滴加数滴试样于辅助棱镜的毛玻璃上,迅速合上辅助棱镜,旋紧闭合旋钮。若液体易挥发,动作要迅速,或先将两棱镜闭合,然后用滴管从加液孔中注入试样(注意:切勿将滴管折断在孔内)。

(3) 对光 转动手柄,使刻度盘标尺上的示值为最小,于是调节反射镜,使入射光进入棱镜组。同时,从测量望远镜中观察,使视场最亮。调节目镜,使视场准丝最清晰。

(4) 粗调　转动手柄，使刻度盘标尺上的示值逐渐增大，直至观察到视场中出现彩色光带或黑白分界线为止。

(5) 消色散　转动消色散手柄，使视场内呈现一清晰的明暗分界线。

(6) 精调　再仔细转动手柄，使分界线正好处于"×"形准丝交点上。调节过程在目镜看到的图像颜色变化如图 5-13 所示。

 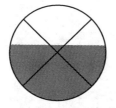 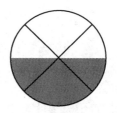

(a) 未调节旋钮前目镜看到的图像，此时颜色是散的　　(b) 调节色散旋钮直到出现明显的分界线为止　　(c) 调节折射旋钮使分界线经过交叉点为止目镜中读数

图 5-13　目镜中的图像

(7) 读数　从读数望远镜中读出刻度盘上的折射率数值，如图 5-14 所示。常用的阿贝折射仪可读至小数点后的第四位，为了使读数准确，一般应将试样重复测量三次，每次相差不能超过 0.0002，然后取平均值。

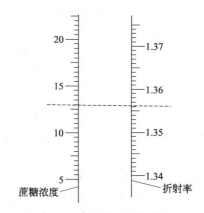

图 5-14　目镜中刻度图像

(8) 仪器校正　折射仪刻度盘上的标尺的零点有时会发生移动，须加以校正。校正的方法是用一种已知折射率的标准液体，一般是用纯水，按上述方法进行测定，将平均值与标准值比较，其差值即为校正值。纯水在 20℃ 时的折射率为 1.3325，在 15～300℃ 之间的温度系数为 $-0.0001℃^{-1}$。在精密的测量工作中，须在所测范围内用几种不同折射率的标准液体进行校正，并画出校正曲线，以供测试时对照校核。

第六章 实验部分

实验 1 气体转子流量计校正

一、实验目的
(1) 掌握气体转子流量计、毛细管流量计的结构特点及其原理。
(2) 掌握气体转子流量计的校正方法。
(3) 了解湿式气体流量计的原理和使用。
(4) 标定市售气体转子流量计、自制毛细管流量计,绘出流量曲线。

二、实验原理
流体流量的测定,包括不可压缩流体和可压缩液体两类流体流量的测定。在测量方法和仪表方面两者有不同,但也有通用的仪表,如常用的孔板流量计和转子流量计,既可测量不可压缩流体,也可用于可压缩流体。这些测量仪表又都安装在流体输送管道上。

对于市售定型仪表,若流体种类和使用条件都按规格规定,则可直接读出流量,否则在使用前应进行校验,为了准确精密地测量,流量计必须经过校验,求出具体计算式或标定出流量曲线。

1. 转子流量计的原理

转子流量计属于变收缩口、恒压头的流量计,是通过改变流通面积来指示流量的。具有结构简单、读数直观、测量范围大、使用方便、价格便宜等优点,广泛应用于化工实验和生产中。

转子流量计是由一根截面积逐渐向下缩小的锥形玻璃管和一个能上下移动而比流体重的转子所构成。流体由玻璃管底部流入,经过转子与玻璃管间的环隙,由顶部流出,其构造见图 6-1。

对于一定的流量,转子会停于一定位置。这说明作用于转子的上升力(作用于转子下端与上端的压力差 $\Delta p A_f$)与转子的净重力(作用于转子的重力 $V_f \rho_f g$ 之差)相等。即

$$\Delta p A_f = V_f (\rho_f - \rho) g$$

或 $\quad \Delta p = V_f (\rho_f - \rho) g / A_f \quad (6-1)$

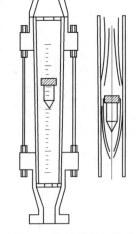

图 6-1 转子流量计构造

式中 A_f——转子最大直径处的截面积,m^2;
V_f——转子体积,m^3;
ρ_f——转子材料密度,kg/m^3;
ρ——流体密度,kg/m^3;
Δp——转子下端与上端的压力差,Pa。

从式(6-1)可知,对于一定转子和流体,A_f、V_f、ρ_f 等数值都是一定的,不论转子静止时停在什么位置,其 Δp 值总是一定的,与流量无关。当流量增大到某一定值时,在转子与玻璃管环隙处的流速增大使压差 Δp 增大,即上升力 $\Delta p A_f$ 增大。而净重力 $V_f(\rho_f - \rho)g$ 没有

改变。因此，转子的上升力大于净重力，则转子上到一定位置重新处于平衡状态。此时，Δp 又降至由式(6-1)所示的数值。

转子流量计的测量原理与孔板流量计基本相同，仿照孔板流量计的流量公式写出转子流量计体积流量（单位为 m^3/s）的计算式：

$$q_V = C_R A_R \sqrt{\frac{2\Delta p}{\rho}}$$

将式(6-1)代入上式，得：

$$q_V = C_R A_R \sqrt{\frac{2gV_f(\rho_f - \rho)}{A_f \rho}} \tag{6-2}$$

式中 A_f——环隙的截面积，m^2；

C_R——转子流量系数，由实验测定。

由式(6-2)可知，对于一定的转子和流体，根号内的各物理量为常数。若在流量测量范围内，其流量系数 C_R 也为常数，则流量只随环隙面积 A_f 而变。转子停止的位置愈高，环隙截面积愈大，液体的流量就愈大；反之，转子停止的位置愈低，则流量愈小。转子流量计的刻度是在出厂前用某种液体进行标定的，一般用于液体时是以 20℃ 的水标定的，而用于气体时是以 20℃ 及 101.325kPa 下的空气标定的。当用于测量其他液体的流量时，必须对原有的流量刻度进行校正。

对于气体转子流量计，其流量校正式为：

$$\frac{q'_V}{q_{V_0}} = \sqrt{\frac{\rho_0(\rho_f - \rho')}{\rho'(\rho_f - \rho_0)}} \tag{6-3}$$

式(6-3)中各参数下标"0"为标定时所用气体的，上标"'"表示实际工作时气体的。当转子材料的密度远大于气体的密度时，则上式可简化为：

$$\frac{q'_V}{q_{V_0}} = \sqrt{\frac{\rho_0}{\rho'}} \tag{6-4}$$

2. 湿式气体流量计的原理

湿式气体流量计属于容积式的流量计，其构造见图6-2。

湿式气体流量计是实验室中常用的一种仪器，其构造主要由圆鼓形壳体、转鼓及传动记数机构所组成。转鼓由圆筒及四个弯曲形状的叶片构成。四个叶片构成四个体积相等的小室。鼓的下半部浸没在水中，充水量由水位器指示。气体从背部中间的进气管进入气室，由顶部排出并迫使转鼓转动。气体的体积流量由转鼓转动的次数和刻度盘指针确定。湿式气体流量计在使用前应根据流量计顶部的水平仪，用两只可调节支杆来校正仪器水平。由于湿式气体流量计本身存在一定的误差，要作为标量器具去标定其他的气体流量计时，需先对其进行校正。

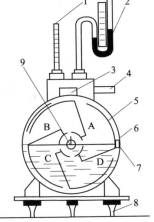

图6-2 湿式流量计构造
1—温度计；2—压力计；3—水平仪；4—排气管；5—转鼓；6—壳体；7—水位器；8—可调支脚；9—进气管

三、实验设备

气体转子流量计校正实验装置流程如图6-3所示。

四、实验步骤

(1) 检查各部件是否齐全、完好，熟悉装置上各个设备和部件的作用及使用方法。

(2) 旋开调节阀2，接通气体压缩机电源，稳定几分钟。

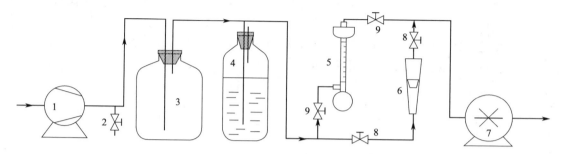

图 6-3 气体转子流量计校正装置流程

1—无油气体压缩机；2—流量调节阀；3—稳压瓶；4—平衡瓶；5—自制毛细管流量计；
6—气体转子流量计；7—湿式气体流量计；8,9—调节阀

（3）转子流量计的校正 旋开调节阀8，通过调整调节阀2和8来控制转子流量计的流量刻度值（单位为 m^3/h），使转子分别处于0.025、0.05、0.10、0.15、0.20、0.25处，在以上每个刻度值下，记录湿式气体流量计走过1L气体所用的时间，每个流量刻度值测试两次，分别为 t_1，t_2，然后取其平均值；完毕后关闭调节阀8。

（4）自制毛细管流量计的校正 旋开调节阀9，通过调整调节阀2和9来控制毛细管流量计的指示液的液面高度值（单位为 mm），测试液面高度分别为40mm、60mm、80mm、100mm、120mm、140mm、160mm时，记录湿式气体流量计走过0.2L气体所用的时间，每个液面高度值测试两次，分别为 t_1，t_2，然后取其平均值。

（5）实验结束后，全开调节阀2，关闭气体压缩机电源。如长期不用，应将平衡瓶和湿式气体流量计内的水放净，保持设备清洁，并清洁实验台。

五、实验原始数据

1. 转子流量计的校正

将转子流量计的原始数据填入表6-1中。

表 6-1 转子流量计的原始数据

流量计刻度值 /(m^3/h)	流过体积/L	时间 t_1/s	时间 t_2/s	平均时间 t/s	实际流量 /(L/s)	实际流量 /(m^3/h)
0.025						
0.05						
0.10						
0.15						
0.20						
0.25						

2. 毛细管流量计的校正

将毛细管流量计的原始数据填入表6-2中。

表 6-2　毛细管流量计的原始数据

高度/mm	流过体积/L	时间 t_1/s	时间 t_2/s	平均时间 t/s	实际流量/(L/s)
40					
60					
80					
100					
120					
140					
160					

六、思考题

1. 校正流量计时，如误差较大是何原因？
2. 市售的流量计，为什么要校正？

实验 2　液体流量计的标定

一、实验目的

（1）学习液体流量计的标定方法。
（2）掌握节流式流量计流量系数测定方法，了解流量系数随雷诺数变化规律。
（3）测定节流式流量计（孔板、文丘里流量计）的流量标定曲线（流量 V 与流量计的压差读数 R 的关系曲线）。
（4）流量系数 C 与雷诺数的关系曲线。
（5）用重量法测转子流量计的流量标定曲线（实际流量与转子流量计标度值关系曲线）。

二、实验原理

工厂生产的流量计，大都是按标准规范制造的。流量计出厂前经过校核后作出流量曲线，或按规定的流量计算公式给出指定的流量系数，或将流量直接刻在显示仪表刻度盘上供使用。如果用户遗失原厂的流量曲线，或者流量计经过长时间使用而磨损较大，或者被测流体与标定流体的成分或状态不同，或者用户自行制造非标准形式的流量计，遇到上述情况，必须对流量计进行标定，也就是用实验方法测出流量计的指示值与实际流量的关系，作出流量曲线或确定流量计算公式。

1. 转子流量计

转子流量计由一个垂直的略成锥形的玻璃管和转子组成，锥形玻璃管截面积由上而下逐渐缩小。流体由下而上流过，由转子的位置决定流体的流量。

用称重法测 V，即

$$V = \frac{\Delta W}{\rho \Delta \tau} \tag{6-5}$$

式中　ΔW——在 $\Delta \tau$ 时间内接受的水量，kg；

$\Delta\tau$——接受水所用时间，s。

2. 孔板流量计与文丘里流量计

流量公式为：

$$V = CA_0\sqrt{\frac{2\Delta p}{\rho}} = CA_0\sqrt{\frac{2gR(\rho_A - \rho)}{\rho}} \tag{6-6}$$

式中　V——被测流体（水）的流量，m^3/s；

　　　C——流量系数；

　　　A_0——流量计的最小流道截面积，m^2；

　　　ρ_A——U形压差计内指示液的密度，kg/m^3；

　　　ρ——被测液体的密度，kg/m^3；

　　　R——流量计上下游两侧取压口所连接的U形管压差计的读数，m。

3. 节流式流量计的标定曲线

调节每一个流量（用泵出口阀调节），压差计都有一对应的读数，即随流量的变化，节流元件两端的压强也随之改变，在对数坐标纸上，以压差计读数 R 为横坐标，以流量 V 为纵坐标标绘的 V-R 关系曲线即为节流式流量计的标定曲线。

4. 在半对数坐标纸上做 C-Re 的关系曲线

以雷诺数 Re 为横坐标，流量系数为纵坐标绘制 C-Re 曲线。

三、实验设备与流程

参见图6-4、图6-5。

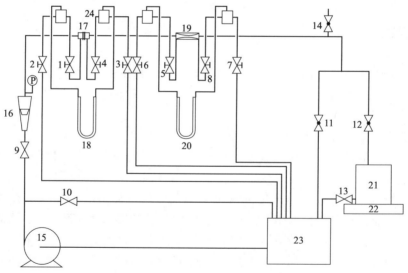

图6-4　流量计标定实验装置流程

1～4—孔板流量计测量阀；5～8—文丘里流量计测量阀；9—流量调节阀；10—旁路调节阀；11, 12—切换阀；13—放水阀；14—排气阀；15—磁力泵；16—转子流量计；17—孔板流量计；18, 20—U形管压差计；19—文丘里流量计；21—盛水桶；22—电子秤；23—储水槽；24—缓冲瓶

四、实验步骤

1. 实验准备

向储水槽中加水，直至水位没过挡板为止，关闭所有阀门。

接通电源，顺时针旋转泵开关，启动磁力泵，缓缓打开旁路调节阀10和排气阀14，将阀门11全开，关闭阀门12，再缓缓打开流量调节阀9，保持较大流量，排气5～10min后，

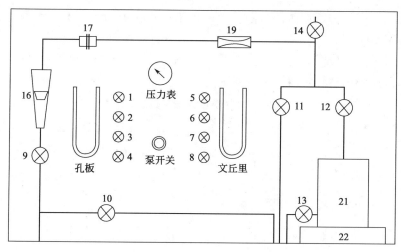

图 6-5　流量计标定实验装置面板

关闭阀 10 和阀 14。

2. 流量计的标定

(1) 转子流量计的标定　备好计时秒表，将电子秤通电并开启。放水阀 13 全开，将水桶里的存水放净后再关闭放水阀 13，调节阀 9 使转子流量计的流量为所要标定的流量，然后全开阀 12，同时关闭阀 11，同时计时，桶内注入一定量水后，关闭阀 12，同时打开阀 11 及停止计时，在电子秤上读取水的显示值（去皮后的水重）并记录，并读取桶内温度计读数，打开阀 13，放掉水桶中的水。如此反复，直至转子流量计标定完毕。最后关闭阀 12，全开阀 11，进行后面实验。

(2) 孔板流量计的标定　通过配合使用阀 9 和阀 11 及阀 2 和阀 3 进行调节（阀 2 和阀 3 用毕后，立即关闭）。使与孔板流量计相连接的透明塑料管内充满水，并尽量使两缓冲瓶内液位相同。

孔板流量计标定实验按从大流量至小流量的次序进行。调节阀 9，使转子流量计的流量至所要标定的位置，然后，同时打开阀 4 和阀 1，使孔板流量计与水银压差计连通。读取流量值，以及相应的压差值，如此反复，直至孔板流量计的标定完毕（最少需标定 10 个以上的流量），最后关闭阀 1 和阀 4。

(3) 文丘里流量计的标定　通过配合使用阀 9 和阀 11 及阀 6 和阀 7 进行调节（阀 6 和阀 7 用毕后，立即关闭），使与文丘里流量计相连接的透明塑料管内充满水，并尽量使两缓冲瓶内液位相同。

文丘里流量计的标定实验按从大至小的流量次序标定。调节阀 9，使转子流量计的流量至所要标定的位置，然后，同时打开阀 8 和阀 5，使文丘里流量计与水银压差计连通。读取流量值，以及相应的压差值。如此反复，直至文丘里流量计的标定完毕（最少需标定 10 个以上的流量），最后关闭阀 8 和阀 5。

3. 结束工作

关闭所有阀门，停泵。如长期不用，应将水箱和水桶内的水放净，保持设备清洁。

五、注意事项

(1) 在实验过程中，流量调节要缓慢，等流量稳定之后再读数。

(2) 为减小转子流量计流量测量值的相对误差，计量桶收集水的重量不应太少，最好能达到 5kg 以上，每个流量测定两次，取其平均值。

(3) 如长期不用，将所有阀门打开，放净水箱和水桶内的水，保持设备清洁。

六、原始实验数据

(1) 转子流量计的标定

将转子流量计标定数据记录入表 6-3 中。

表 6-3 转子流量计标定数据记录

水温：　　　　　密度：　　　　　管道内径 d：

序号	流量示值 L/h	时间/s		水重/kg		体积/dm³		流量/(dm³/h)		
		1	2	1	2	1	2	1	2	平均值
1										
2										
3										
4										
5										
6										
7										
8										
9										
10										

(2) 孔板流量计

将孔板流量计数据填入表 6-4 中。

表 6-4 孔板流量计数据

水温：　　密度：　　黏度：　　孔板流量计孔径 d_0：　　管道内径 d：

序号	流量/(L/h)	压差/mmHg	流量系数 C	雷诺数 Re	直径比
1					
2					
3					
4					
5					
6					
7					
8					
9					
10					

注：1mmHg=133.322Pa。

(3) 文丘里流量计

将文丘里流量计数据填入表 6-5 中。

表 6-5 文丘里流量计数据

水温：　　　密度：　　　黏度：　　　文丘里流量计喉径 d_0：　　　管道内径 d：

序号	流量/(L/h)	压差/mmHg	流量系数 C	雷诺数 Re	直径比
1					
2					
3					
4					
5					
6					
7					
8					
9					
10					

七、思考题

1. 流量计为何要标定？
2. 标定转子流量计时，为何要读取水温？
3. 孔板流量计与文丘里流量计的流量系数随流量如何变化？
4. 试分析孔板流量计和文丘里流量计的优缺点和适合范围？

实验 3　流体流动类型及临界雷诺数的测定

一、实验目的

(1) 观察流体流动过程中不同的流动形态及其变化过程。
(2) 测定流动形态变化时的临界雷诺数。

二、实验原理

流体充满导管作稳态流动时基本上有两种明显不同的流动形态：滞流（也叫层流）和湍流。当流体在管中作滞流流动时，管内的流体各个质点沿管轴作相互平行而有规则的运动，彼此没有明显的干扰。当流体作湍流流动时，各个质点紊乱地向各个不同的方向作无规则的运动。

流体的流动形态不仅与流体的平均流速有关，还与流体的黏度 μ、密度 ρ 和管径 d 等因素有关。也就是说，流体的流动形态取决于雷诺数的大小。

$$Re = \frac{du\rho}{\mu}$$

式中　d——管子内径，m；
　　　u——流体流速，m/s；
　　　ρ——流体密度，kg/m³；
　　　μ——流体黏度，Pa·s 或 kg/m·s。

根据雷诺实验，流体在平直圆管中流动时，当雷诺数小于某一临界值时为滞流（或层流）；当雷诺数大于某一临界值时为湍流；当雷诺数介于二者之间时则为不稳定的过渡状态，可能为滞流，也可能为湍流。

对于一定温度下的某种介质在特定的圆管内流动时，流体的黏度 μ、密度 ρ 和管径 d 等均为定值，故雷诺数 Re 仅为流体平均流速 u 的函数。流体的流速确定后，雷诺数即可确定。

流体流动形态发生变化时的流速称为临界速度，其对应的雷诺数称为临界雷诺数。

本实验以水为介质、有色溶液为示踪物，使其以不同的流速通过平直玻璃管，便可观察到不同的流动形态，同时根据流动形态的变化，可确定临界速度与临界雷诺数。

三、实验装置

本实验装置如图 6-6 所示，主要由水箱、水平玻璃管、缓冲水槽和流量计组成。水由循环水泵供给或直接由自来水龙头输入水箱，经稳压后流经水平玻璃管、缓冲水槽及流量计，最后排入下水道。示踪物由液瓶经调节夹、水平玻璃管等至下水道。

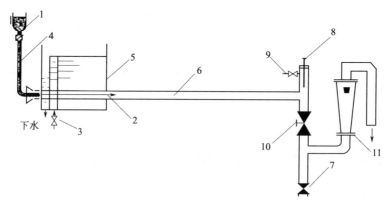

图 6-6　雷诺实验装置

1—墨水瓶；2—针头；3—进水阀；4—乳胶管；5—水箱；6—水平玻璃管；
7—出口阀；8—温度计；9—放气阀；10—放水阀；11—流量计

四、实验步骤

1．雷诺实验的过程

（1）关闭流量调节阀 10、7、9，打开进水阀 3，使自来水充满水槽，并使其有一定的溢流量。

（2）轻轻打开阀门 10，让水缓慢流过实验管道，使红水全部充满细管道中。

（3）调节进水阀，维持尽可能小的溢流量。

（4）缓慢地适当打开红水流量调节夹，观察当前水流量下实验管内水的流动状况。读取流量计的流量并计算出雷诺数。

（5）增大进水阀 3 的开度，在维持尽可能小的溢流量的情况下提高水的流量，使水通过试验导管的流速平稳地增大，至试验导管内直线流动的红色细流开始发生波动而呈明显的 S 形时，读取此时流量计的流量并计算出雷诺数。

(6) 继续开大进水阀 3 的开度，使水流量平稳增大。当流量增大到某一数值后，红色溶液一进入试验导管立即被分散成烟雾状并迅速扩散到整个管子。这表明流体的流动形态已成湍流。记下此时流量计的流量并计算出雷诺数。

(7) 这样的试验操作反复数次（至少 5~6 次），以便取得重复性较好的试验数据。

2. 实验结束时的操作

(1) 关闭红水流量调节夹，使红水停止流动。

(2) 关闭进水阀 3，使自来水停止流入水槽。

(3) 待实验管道的红色消失时，关闭放水阀 10。

(4) 若日后较长时间不用，请将装置内各处的存水放净。

五、原始实验数据

(1) 试验设备基本参数　试验导管内径：$d=24.2$ mm。

(2) 试验数据记录与整理

将本实验中测得数据记入表 6-6 中。

表 6-6　实验记录和数据

水温：　　　　　水的密度：　　　　　水的黏度：

序号	流量/(L/h)	流速/(m/s)	雷诺数 Re	观察现象	流型
1				管中一条红线	
2				管中一条红线	
3				管中红线波动	
4				管中红线波动	
5				管中红线波动	
6				红水扩散	
7				红水扩散	
8				红水扩散	

六、思考题

1. 影响流体流动形态的因素有哪些？
2. 为什么说再实验时流速可作为判断流动形态的唯一依据？
3. 生产中无法通过观察来判断管内流体的流动状态，你可用什么反复来判断呢？

实验 4　流体阻力（综合）测定实验

一、实验目的

(1) 学习直管摩擦阻力引起的压降 Δp_f、直管摩擦系数 λ 的测定方法。

(2) 掌握直管摩擦系数 λ 与雷诺数 Re 和相对粗糙度之间的关系及其变化规律。

(3) 掌握局部阻力的测量方法，在本实验压差测量范围内，测量阀门的局部阻力系数。

(4) 学习压强差的几种测量方法和技巧。

(5) 掌握坐标系的选用方法和对数坐标系的使用方法，在对数坐标纸上标绘光滑管和粗糙管的 $\lambda\text{-}Re$ 关系曲线。

二、实验原理

1. 直管摩擦系数 λ 与雷诺数 Re 的测定

直管的摩擦阻力系数是雷诺数和相对粗糙度的函数,即

$$\lambda = f(Re, \varepsilon/d)$$

对一定的相对粗糙度而言:

$$\lambda = f(Re)$$

流体在一定长度等直径的水平圆管内流动时,其管路阻力引起的能量损失为:

$$h_f = \frac{p_1 - p_2}{\rho} = \frac{\Delta p_f}{\rho} \tag{6-7}$$

又因为摩擦阻力系数与阻力损失之间有如下关系(范宁公式):

$$h_f = \frac{\Delta p_f}{\rho} = \lambda \frac{l}{d} \times \frac{u^2}{2} \tag{6-8}$$

整理式(6-7)、式(6-8)得:

$$\lambda = \frac{2d}{\rho l} \times \frac{\Delta p_f}{u^2} \tag{6-9}$$

$$Re = \frac{du\rho}{\mu} \tag{6-10}$$

式中 d——管径,m;
　　Δp_f——直管阻力引起的压降,Pa;
　　l——管长,m;
　　u——流速,m/s;
　　ρ——流体的密度,kg/m³;
　　μ——流体的黏度,N·s/m²。

在实验装置中,直管段管长 l 和管径 d 都已固定。若水温一定,则水的密度 ρ 和黏度 μ 也是定值。所以本实验实质上是测定直管段流体阻力引起的压降 Δp_f 与流速 u(流量 V)之间的关系。

根据实验数据和式(6-9)可计算出不同流速下的直管摩擦系数 λ,用式(6-10)计算对应的 Re,从而整理出直管摩擦系数和雷诺数的关系,绘出 λ 与 Re 的关系曲线。

2. 局部阻力系数的测定

$$h_f' = \frac{\Delta p_f'}{\rho} = \zeta \frac{u^2}{2} \tag{6-11}$$

$$\zeta = \left(\frac{2}{\rho}\right) \frac{\Delta p_f'}{u^2} \tag{6-12}$$

式中 ζ——局部阻力系数,无量纲;
　　$\Delta p_f'$——局部阻力引起的压降,Pa;
　　h_f'——局部阻力引起的能量损失,J/kg。

局部阻力引起的压降 $\Delta p_f'$ 可用下面的方法测量:在一条各处直径相等的直管段上,安装待测局部阻力的阀门,在其上、下游开两对测压口 a-a′ 和 b-b′,见图 6-7,使:$ab = bc$,$a'b' = b'c'$。则

$$\Delta p_{f,ab} = \Delta p_{f,bc}, \quad \Delta p_{f,a'b'} = \Delta p_{f,b'c'}$$

在 a~a′ 之间列柏努利方程式:

$$p_a - p_{a'} = 2\Delta p_{f,ab} + 2\Delta p_{f,a'b'} + \Delta p_f' \tag{6-13}$$

图 6-7　局部阻力测量取压口布置

在 b~b' 之间列柏努利方程式：

$$p_b - p_{b'} = \Delta p_{f,bc} + \Delta p_{f,b'c'} + \Delta p'_f = \Delta p_{f,ab} + \Delta p_{f,a'b'} + \Delta p'_f \tag{6-14}$$

联立式(6-13)和式(6-14)，则：

$$\Delta p_f = 2(p_b - p_{b'}) - (p_a - p_{a'})$$

为了实验方便，称 $(p_b - p_{b'})$ 为近点压差，称 $(p_a - p_{a'})$ 为远点压差，用压差传感器来测量。

三、实验装置

实验流程如图 6-8 所示。

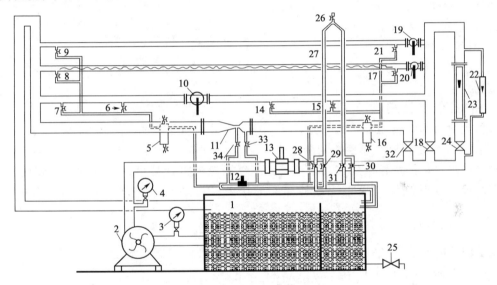

图 6-8　流动阻力实验流程

1—水箱；2—水泵；3—入口真空表；4—出口压力表；5,16—缓冲罐；6,14—测局部阻力近端阀；
7,15—测局部阻力远端阀；8,17—粗糙管测压阀；9,21—光滑管测压阀；10—局部阻力阀；
11—文丘里流量计（孔板流量计）；12—压力传感器；13—涡流流量计；18,24，32~34—阀门；
19,20—粗糙管阀；22—小流量计；23—大流量计；25—水箱放水阀；26—倒
U形管放空阀；27—倒 U 形管；28,30—倒 U 形管排水阀；29,31—倒 U 形管平衡阀

四、实验步骤

1. 注水

向储水槽内注满水（有条件最好用蒸馏水，以保持流体清洁）。

2. 光滑管阻力测定

（1）关闭粗糙管阀，将光滑管阀全开，在流量为零条件下，打开通向倒置 U 形管的进水阀，检查导压管内是否有气泡存在。若倒置 U 形管内液柱高度差不为零，则表明导压管内存在气泡。需要进行赶气泡操作。导压系统如图 6-9 所示。操作方法如下。

开大流量，打开 U 形管进水阀 5，使倒置 U 形管内液体充分流动，以赶出管路内的气

泡；若认为气泡已赶净，将流量调节阀关闭，U形管进出水阀5关闭，慢慢旋开倒置U形管上部的放空阀9后，分别缓慢打开阀1、2，使液柱降至中点上下时马上关闭，管内形成气-水柱，此时管内液柱高度差不一定应为零。然后关闭放空阀9，打开U形管进水阀5，此时U形管两液柱的高度差应为零（1～2mm的高度差可以忽略），如不为零则表明管路中有气泡存在，需要重复进行赶气泡操作。

（2）该装置两个转子流量计并联连接，根据流量大小选择不同量程的流量计测量流量。

（3）压差传感器与倒置U形管也是并联连接，用于测量直管段的压差，小流量时用倒置U形管压差计测量，大流量时用压差传感器测量。应在最大流量和最小流量之间进行实验，一般测取15～20组数据。

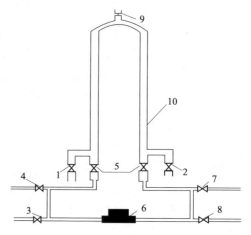

图6-9 导压系统

1,2—排水阀；3—粗糙管测压回水阀；4—光滑管测压回水阀；5—U形管进水阀；6—直管压力传感器；7—光滑管测压进水阀；8—粗糙管测压进水阀；9—U形管放空阀；10—U形管

注：在测大流量的压差时应关闭U形管的进水阀5，防止水利用U形管形成回路影响实验数据。

3. 粗糙管阻力测定

关闭光滑管阀，将粗糙管阀全开，从小流量到最大流量，测取15～20组数据。

4. 流量计校正和离心泵性能的测定

水泵将水槽内的水输送到实验系统，流体经涡轮流量计计量，用流量调节阀调节流量，回到储水槽。同时测量文丘里流量计两端的压差，离心泵进出口压强，离心泵电机输入功率。

5. 管路特性的测量

流量调节阀调节流量到某一位置，改变电机频率，测定涡轮流量计的频率，泵入口真空度，泵出口压强。

6. 测取水箱水温

待数据测量完毕，关闭流量调节阀，停泵。

五、注意事项

（1）直流数字表操作方法请仔细阅读说明书后，方可使用。

（2）启动离心泵之前，以及从光滑管阻力测量过渡到其他测量之前，都必须检查所有流量调节阀是否关闭。

（3）利用压力传感器测量大流量下 Δp 时，应切断空气-水倒置U形玻璃管的阀门，否则影响测量数值。

（4）在实验过程中每调节一个流量之后应待流量和直管压降的数据稳定以后方可记录数据。

（5）较长时间未做实验，启动离心泵之前应先盘轴转动，否则易烧坏电机。

（6）该装置电路采用五线三相制配电，实验设备应良好地接地。

（7）启动离心泵前，必须关闭流量调节阀，关闭压力表和真空表的开关，以免损坏压强表。

六、原始实验数据

(1) 流体阻力实验数据

将实验所得数据填入表 6-7～表 6-10。

表 6-7　直管阻力实验数据

实验装置编号：　　　光滑直管内径 $d=0.008\mathrm{m}$　　　光滑直管管长 $L=1.70\mathrm{m}$

水温 $T=$　　　　　　黏度 $\mu=$　　　　　　　密度 $\rho=$

序号	$Q/(\mathrm{L/h})$	Δp			$u/(\mathrm{m/s})$	Re	λ
		$\mathrm{mmH_2O}$	kPa	Pa			
1							
2							
3							
4							
5							
6							
7							
8							
9							
10							
11							
12							
13							
14							
15							
16							
17							
18							
19							
20							

表 6-8 粗糙管阻力实验数据

实验装置编号：　　　　粗糙管内径 $d=0.010$ m　　　　粗糙管管长 $L=1.70$ m
水温 $T=$　　　　　　　黏度 $\mu=$　　　　　　　　　密度 $\rho=$

序号	Q/(L/h)	Δp			u/(m/s)	Re	λ
		mmH$_2$O	kPa	Pa			
1							
2							
3							
4							
5							
6							
7							
8							
9							
10							
11							
12							
13							
14							
15							
16							
17							
18							
19							
20							

表 6-9　局部阻力实验数据

实验装置编号：　　　局部阻力管内径 $d=0.015$m　　　密度 $\rho=$　　　水温 $t=$

序号	Q/(L/h)	近点压差/kPa	远点压差/kPa	u/(m/s)	局部阻力压差/kPa	阻力系数 ξ
1						
2						
3						

表 6-10　文丘里（孔板）流量计性能测定数据及结果表

实验装置编号：　　　　　　　　　　　　　　　　　文丘里/孔板流量计喉径 $d_0=0.02$m
水温 $T=$　　　密度 $\rho=$　　　黏度 $\mu=$　　　文丘里/孔板流量计管径 $d_1=0.045$m

| 序号 | 流量 Q/(m³/h) | 文丘里流量计 | | 流速 u/(m/s) | Re | C_0 |
		/kPa	/Pa			
1						
2						
3						
4						
5						
6						
7						
8						
9						

（2）离心泵性能测定实验数据记录

将实验所得数据填入表 6-11、表 6-12。

表 6-11　离心泵特性曲线数据记录

实验装置编号：　　　电机效率 60%　　　真空表测压管内径 $d_1=0.025$m
水温 $T=$　　　密度 $\rho=$　　　泵出入口高度 $h_0=0.39$m　　　压强表测压管内径 $d_2=0.045$m

序号	入口压力 p_1/MPa	出口压力 p_2/MPa	电机功率/kW	流量 Q/(m³/h)	压头 h/m	泵轴功率 N/W	η/%
1							
2							
3							
4							
5							
6							
7							
8							
9							
10							
11							

表 6-12 离心泵管路特性曲线数据

实验装置编号：　　　　管内径 $d=$　　　　真空表测压管内径 $d_1=0.025\text{m}$
水温 $T=$　　　　　　密度 $\rho=$　　　　压强表测压管内径 $d_2=0.045\text{m}$
泵出入口高度 $h_0=0.39\text{m}$

序号	电机频率/Hz	入口压力 p_1/MPa	出口压力 p_2/MPa	流量 Q/(m³/h)	压头 h/m
1					
2					
3					
4					
5					
6					
7					
8					
9					
10					
11					

七、曲线图

（1）$\lambda\text{-}Re$ 曲线图

由实验数据绘制 $\lambda\text{-}Re$ 曲线（见图 6-10）。

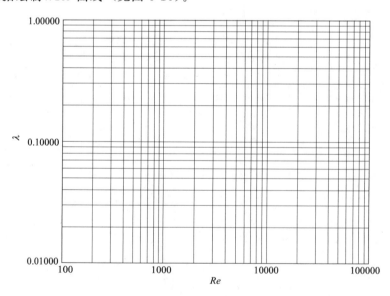

图 6-10　$\lambda\text{-}Re$ 曲线

（2）流量系数 $C_0\text{-}Re$ 关系曲线

由实验数据绘制流量系数 $C_0\text{-}Re$ 关系曲线（见图 6-11）。

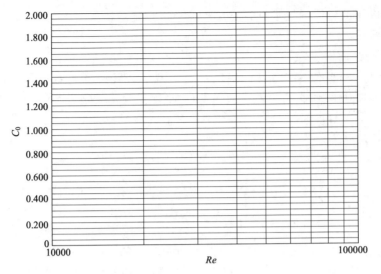

图 6-11　C_0-Re 关系曲线

(3) 离心泵性能和管路特性曲线

由实验数据绘制离心泵性能和管路特性曲线（见图 6-12）。

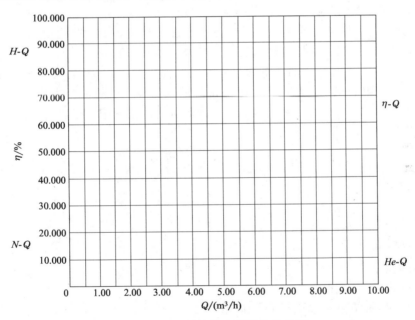

图 6-12　离心泵性能和管路特性曲线

实验 5　离心泵性能测定实验（远程控制）

一、实验目的

(1) 熟悉离心泵的操作方法。
(2) 掌握离心泵特性曲线和管路特性曲线的测定方法、表示方法，加深对离心泵性能的了解。
(3) 测定某型号离心泵在一定转速下，H（扬程）、N（轴功率）、η（效率）与 Q（流量）之间的特性曲线。

(4) 掌握应用远程控制技术对离心泵性能进行测定的操作。

二、实验原理

1. 离心泵特性曲线

离心泵是最常见的液体输送设备。在一定的型号和转速下，离心泵的扬程 H、轴功率 N 及效率 η 均随流量 Q 而改变。通常通过实验测出 H-Q、N-Q 及 η-Q 关系，并用曲线表示之，称为特性曲线。特性曲线是确定泵的适宜操作条件和选用泵的重要依据。

(1) 泵特性曲线的具体测定方法

① H 的测定：在泵的吸入口和压出口之间列柏努利方程

$$Z_{入}+\frac{p_{入}}{\rho g}+\frac{u_{入}^2}{2g}+H=Z_{出}+\frac{p_{出}}{\rho g}+\frac{u_{出}^2}{2g}+H_{f,入-出}$$

$$H=(Z_{出}-Z_{入})+\frac{p_{出}-p_{入}}{\rho g}+\frac{u_{出}^2-u_{入}^2}{2g}+H_{f,入-出}$$

上式中 $H_{f,入-出}$ 是泵的吸入口和压出口之间管路内的流体流动阻力（不包括泵体内部的流动阻力所引起的压头损失），当所选的两截面很接近泵体时，与柏努利方程中其他项比较，$H_{f,入-出}$ 值很小，故可忽略。于是上式变为：

$$H=(Z_{出}-Z_{入})+\frac{p_{出}-p_{入}}{\rho g}+\frac{u_{出}^2-u_{入}^2}{2g}$$

将测得的 $Z_{出}-Z_{入}$ 和 $p_{出}-p_{入}$ 的值以及计算所得的 $u_{入}$、$u_{出}$ 代入上式即可求得 H。

② N 的测定：功率表测得的功率为电动机的输入功率。由于泵由电动机直接带动，传动效率可视为1.0，所以电动机的输出功率等于泵的轴功率。即

泵的轴功率 N＝电动机的输出功率，kW

电动机的输出功率＝电动机的输入功率×电动机的效率

泵的轴功率＝功率表的读数×电动机效率，kW

③ η 的测定：

$$\eta=\frac{Ne}{N} \qquad Ne=\frac{HQ\rho g}{1000}=\frac{HQ\rho}{102}$$

式中　η——泵的效率；

N——泵的轴功率，kW；

Ne——泵的有效功率，kW；

H——泵的压头，m；

Q——泵的流量，m³/s；

ρ——水的密度，kg/m³。

(2) 计算举例及结果　涡轮流量计读数为 9.00m³/h；泵入口真空表为 0.026MPa；压力表为 0.081MPa；功率表为 0.77kW。

$$H=(Z_{出}-Z_{入})+\frac{p_{出}-p_{入}}{\rho g}+\frac{u_{出}^2-u_{入}^2}{2g}$$

因为

$$d_{入}=d_{出}=0.025 \text{ (m)} \qquad \frac{u_{出}^2-u_{入}^2}{2g}=0$$

$$H=0.25+\frac{(0.026+0.081)\times 1000000}{997.06\times 9.81}=11.2 \text{ (m)}$$

N＝功率表读数×电机效率＝$0.77\times 60\%=0.462$ (kW)＝462 (W)

$$\eta=\frac{Ne}{N}$$

$$Ne = \frac{HQ\rho}{102} = \frac{11.2 \times 9.00 \times 1000}{3600 \times 102} = 0.275$$

$$\eta = \frac{0.275}{0.462} = 59.4\%$$

管路特性计算方法相同。

2. 管路特性曲线

当离心泵安装在特定的管路系统中工作时，实际的工作压头和流量不仅与离心泵本身的性能有关，还与管路特性有关，也就是说，在液体输送过程中，泵和管路两者是相互制约的。管路特性曲线是指流体流经管路系统的流量与所需压头之间的关系。若将泵的特性曲线与管路特性曲线绘在同一坐标图上，两曲线交点即为泵在该管路的工作点。因此，如同通过改变阀门开度来改变管路特性曲线求出泵的特性曲线一样，可通过改变泵转速来改变泵的特性曲线，从而得出管路特性曲线。

三、实验装置

离心泵性能测定流程如图 6-13 所示，实验装置面板如图 6-14 所示。

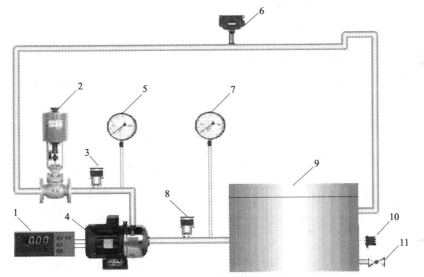

图 6-13　离心泵性能测定流程

1—功率表；2—调节阀；3—进水阀；4—泵；5—出口压力表；6—流量计；7—进口压力表；
8—出水阀；9—水箱；10—计量槽；11—开关阀

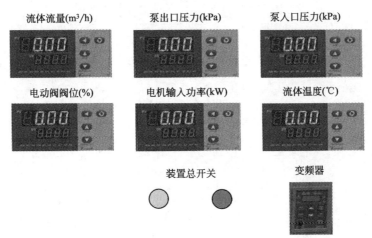

图 6-14　实验装置面板

四、实验步骤

1. 实验前需要准备的工作

向水箱 9 内注入蒸馏水,将实验装置总电源启动。在校园网输入网址、输入用户名、密码。进入离心泵性能测定远程控制实验。

2. 离心泵性能测定

(1) 点击离心泵性能实验 点击现场设备画面中显示仪表画面输入用户名、密码、端口,然后点击预览按键,显示测量仪表现场画面。

(2) 点击现场设备画面中显示仪表画面输入用户名、密码、端口,然后点击预览按键,显示测量实验现场画面。

(3) 检查电动流量调节阀是否关闭(电动调节阀阀位开度处于 0% 关闭状态)。

(4) 输入离心泵变频器频率为 50Hz 后,点击离心泵开关"开"并提交,离心泵启动。

(5) 输入电动阀开度为 95% 并提交,待系统内流体稳定,方可记录流体流量、泵出口压力、泵入口压力、流体温度等数据。

(6) 改变电动阀开度分别为 90%、80%、70%、60%、55%、50%、45%、40%、30%、20%、10%、0% 调节流量,系统内流体稳定 3min 后记录实验数据。

(7) 实验结束后点击离心泵开关"关"并提交,离心泵关闭。

(8) 检查实验记录数据,若没有错误点击下载数据,下载实验数据并保存。

五、原始实验数据

将测得实验数据填入表 6-13、表 6-14 中。

表 6-13 离心泵特性曲线数据记录

实验装置编号:　　　电机效率:60%　　　真空表测压管内径 $d_1=0.025$m

水温 $T=$　　密度 $\rho=$　　泵出入口高度 $h_0=0.39$m　　压强表测压管内径 $d_2=0.045$m

序号	入口压力 p_1/MPa	出口压力 p_2/MPa	电机功率/kW	流量 Q/(m³/h)	压头 h/m	泵轴功率 N/W	η/%
1							
2							
3							
4							
5							
6							
7							
8							
9							
10							
11							

表 6-14　离心泵管路特性曲线数据

实验装置编号：　　　　　管内径 $d=$　　　　　真空表测压管内径 $d_1=0.025$m
水温 $T=$　　　　　　　密度 $\rho=$　　　　　压强表测压管内径 $d_2=0.045$m
泵出入口高度 $h_0=0.39$m

序号	电机频率/Hz	入口压力 p_1/MPa	出口压力 p_2/MPa	流量 Q/(m³/h)	压头 h/m
1					
2					
3					
4					
5					
6					
7					
8					
9					
10					
11					

六、思考题

1. 与所有 N 值相比，当 $Q=0$ 时，N 值是多少？
2. ηQ 曲线的主要特点是什么？η 值最高的点称为什么？
3. 一台在正常进行送水操作的水泵，实际送水量的大小取决于哪些因素？
4. 什么情况下，开泵前要先给泵灌水？什么情况下，开泵前不需给泵灌水？为什么？
5. 将实验测得离心泵额定流量及扬程与标牌上的值比较，讨论产生误差的原因。

实验 6　对流传热系数的测定

一、实验目的

（1）了解套管式换热器的构造。
（2）了解热电偶温度计测量温度的方法。
（3）掌握测量对流传热系数的方法，并将数据整理成特征数关联式的形式，加深对经验公式的理解。

二、实验原理

1. 对流传热的基本概念

流体与固体壁面之间的热量传递称之为对流传热，它与流体流动状况密切相关。

由于流体具有黏性而在流动过程中产生内摩擦力,靠近管壁处有一层滞流内层(也称层流底层),该层流体层之间平行流动,以导热方式传热。

层流区的外侧是湍流区,该区流体质点剧烈湍动,各部分充分混合,流速趋于一致,温度也趋于一致。

温度变化的阻力所在主要为层流内层区。

影响对流传热的因素很多,目前采用的是一种简化方式,即将对流传热的全部温度差都集中在厚度为 δ_t 的有效膜内。由于厚度 δ_t 难以测定,常把主体区的湍流传热与层流区的导热合并起来考虑,称为对流传热,其表达式为牛顿冷却定律。对流传热时任意截面上的分布情况见图6-15。

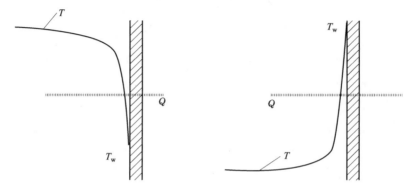

图 6-15 对流传热时任意截面上的温度分布情况

当流体被冷却时:

$$Q = \alpha A (T - T_w) = \frac{T - T_w}{\dfrac{1}{\alpha A}} = \frac{T - T_w}{\dfrac{\delta_t}{\lambda A}} = \frac{\Delta t}{R}$$

式中,α 为对流传热系数,它是反映对流传热的强度。

对流传热的热阻主要集中在滞流内层内,减薄滞流内层的厚度是强化对流传热的重要途径。牛顿冷却定律所描述的对流传热模型,不仅将实际情况大为简化,且可以清楚表明对流传热过程的特点。

2. 对流传热系数的分析

实验表明,影响对流传热系数的主要因素有:流体的状态,流体的物理性质,流体的运动状况,流体对流的状况,传热表面的形状、位置及大小。

对流传热系数的确定是个极其复杂的问题,影响因素很多,只能针对某些具体情况,用与之呼应的分析方法得出特征数,再用实验确定特征数间的具体关系,进而得到特征数关联式加以表达。

计算对流传热系数 α 时必须掌握的几个特征数形式及其含义。

努塞尔数:$Nu = \dfrac{\alpha l}{\lambda}$,表示对流传热系数的特征数。

雷诺数:$Re = \dfrac{du l}{\mu}$,表示流体流动状态和湍动程度对对流传热的影响。

普兰特数:$Pr = \dfrac{c_p \mu}{\lambda}$,表示流体物性对对流传热的影响。

格拉斯数:$Gr = \dfrac{\beta g \Delta T L^3 \rho^2}{\mu^2}$,表示自然对流对对流传热的影响。

使用 α 特征数关联式应注意下列几点。

（1）**应用范围**：各特征数数值应与建立关联式的实验范围相一致。

（2）**特性尺寸**：对流传热过程发生主导影响的设备几何尺寸为特性尺寸。关联式中各特征数的特性尺寸 L，应遵照所选用的关联式中的规定尺寸。

（3）**定性温度**：确定特征数中流体的物性参数所依据的温度为定性温度。不同关联式中的定性温度往往不同，有的用进出口温度的算术平均温度，有的用膜温等。

特征数是一个无量纲数群，故特征数中的各物理量必须用统一的单位制度。

通过套管换热器间壁的传热速率，即冷水通过换热器被加热的速率，用下式求得。

热量衡算： $Q = m_s c_p (T_出 - T_进)$

传热速率方程： $Q = \alpha S \Delta T_m$

式中　S——内管的内表面积，m^2；

　　　α——水在圆形直管内作强制湍流时的对流传热系数；

　　　ΔT_m——水和管壁的对数平均温度，$\Delta T_m = \dfrac{(T_{w,进} - t_进) - (T_{w,出} - t_出)}{\ln \dfrac{T_{w,进} - T_进}{T_{w,出} - T_出}}$。

对于低黏度流体，在圆形直管内作强制湍流时，关系式可表示为：

$$Nu = C Re^m Pr^{0.4}$$

注：①定性温度取水进、出口温度的算术平均值；②壁温的测定是将热电偶焊在内管的外管壁的槽内，其值可由数字显示表直接读取。

三、实验装置与测量方法

1. 实验装置

实验装置如图 6-16。

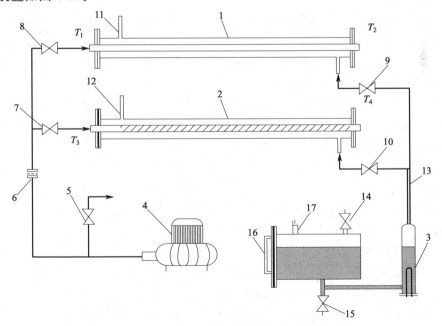

图 6-16　空气-水蒸气传热综合实验装置

1—普通套管换热器；2—内插有螺旋线圈的强化套管换热器；3—蒸汽发生器；
4—旋涡气泵；5—旁路调节阀；6—孔板流量计；7,8—空气支路控制阀；
9,10—蒸汽支路控制阀；11,12—蒸汽放空口；13—蒸汽上升主管路；
14—加水口；15—放水口；16—液位计；17—冷凝液回流口

2. 实验的测量方法

（1）空气流量的测量　空气主管路由孔板与差压变送器和二次仪表组成空气流量计，孔板流量计为标准设计，其流量计算式为：

$$V_{T_1} = 22.696 \times (\Delta p)^{0.5} \tag{6-15}$$

式中　Δp——孔板流量计两端压差，kPa；

T_1——流量计处温度，也是空气入口温度，℃；

V_{T_1}——流量计处体积流量，也是空气入口体积流量，m³/h。

由于被测管段内温度的变化，还需对体积流量进行进一步的校正：

$$V_m = V_{T_1} \times \frac{273 + T_m}{273 + T_1} \tag{6-16}$$

式中　V_m——传热管内平均体积流量，m³/h。

（2）温度的测量　实验采用Cu50铜电阻测得，由多路巡检表以数值形式显示。

（3）电加热釜　电加热釜是产生水蒸气的装置，使用体积为7L（加水至液位计的上端红线），内装有一支2.5kW的螺旋形电热器，当水温为30℃时，用200V电压加热，约25min后水便沸腾，为了安全和长久使用，建议最高加热（使用）电压不超过200V（由固态调压器调节）。

为了防止实验过程中液位过低，加热器干烧而使其损坏，加热釜中加有一个液位自动报警装置，如果液位过低的话会鸣叫以示提醒。

四、实验步骤

（1）实验前的准备工作：向电加热釜加水至液位计上端红线处，检查空气流量旁路调节阀5是否全开。

（2）接通电源总闸，打开加热电源开关，设定加热电压，开始加热。

（3）关闭通向强化套管的阀门10，打开通向简单套管的阀门9，当简单套管换热器的放空口11有水蒸气冒出时，可启动风机，此时要关闭阀门7，打开阀门8。在整个实验过程中始终保持换热器出口处有水蒸气冒出。

（4）启动气泵后用旁路调节阀5来调节流量，调好某一流量后稳定5～10min后，分别测量空气的流量，空气进、出口的温度及壁面温度。然后，改变流量测量下组数据。一般从小流量到最大流量之间，要测量5～6组数据。

（5）实验结束后，依次关闭加热电源、风机和总电源。一切复原。

五、注意事项

（1）检查蒸汽加热釜中的水位是否在正常范围内，特别是每个实验结束后，进行下一实验之前，如果发现水位过低，应及时补给水量。

（2）必须保证蒸汽上升管线的畅通，即在给蒸汽加热釜电压之前，两蒸汽支路阀门之一必须全开。在转换支路时，应先开启需要的支路阀，再关闭另一侧，且开启和关闭阀门必须缓慢，防止管线截断或蒸汽压力过大突然喷出。

（3）必须保证空气管线的畅通，即在接通风机电源之前，两个空气支路控制阀之一和旁路调节阀必须全开。在转换支路时，应先关闭风机电源，然后开启和关闭支路阀。

（4）调节流量后，应至少稳定5～10min后读取实验数据。

（5）实验中保持上升蒸汽量的稳定，不应改变加热电压，且保证蒸汽放空口一直有蒸汽放出。

六、原始实验数据

将实验测得实验数据填入表 6-15 中。

表 6-15 简单套管换热器数据

设备装置号：　　　传热管内径 $d_内=0.2$ m　　　传热管有效长度 $L=1.2$ m　　　冷流体：冷空气　　　热流体：水蒸气

序号	1	2	3	4	5	6
空气流量读数 Δp/kPa						
空气入口温度 T_1/℃						
空气出口温度 T_2/℃						
壁温 T_w/℃						
空气平均温度 T_m/℃						
空气在入口处流量 V_{T_1}/(m³/h)						
空气平均流量 V_{T_m}/(m³/h)						
空气平均流速 u_{T_m}/s						
空气在平均温度时的物性　ρ_{T_m}/(kg/m³)						
空气在平均温度时的物性　μ_{T_m}/(Pa·s)						
空气在平均温度时的物性　λ_{T_m}/[W/(m²·℃)]						
空气在平均温度时的物性　c_p/[kJ/(kg·℃)]						
空气进出口温度之差 T_2-T_1/℃						
壁面和空气的温差 T_w-T_m/℃						
空气得到的热量 Q/W						
空气侧对流传热系数 α_i/[W/(m²·℃)]						
Re						
Nu						
$Nu/Pr^{0.4}$						

七、思考题

1. 随着冷流体流速的增加，流体在管内对流传热系数是如何变化的？
2. 特征数关联式 $Nu=0.023Re^{0.8}Pr^n$ 适用范围？
3. 传热管内壁温度、外壁温度和壁面平均温度认为近似相等，为什么？
4. 热电偶的测温原理？

实验 7 传热综合实验

一、实验目的

（1）测定 5~6 个不同流速下强化套管换热器的对流传热系数 α_i。
（2）对 α_i 的实验数据进行线性回归，求关联式 $Nu=BRe^m$ 中常数 B、m 的值。
（3）同一流量下，按实验 6 所得特征数关联式求得 Nu_0，计算传热强化比 Nu/Nu_0。

二、实验原理

强化传热又被学术界称为第二代传热技术，它能减小初设计的传热面积，以减小换热器的体积和重量；提高现有换热器的换热能力；使换热器能在较低温差下工作；并且能够减少换热器的阻力以减少换热器的动力消耗，更有效地利用能源和资金。强化传热的方法有多种，本实验装置是分别采用在换热器内管插入螺旋线圈和安装螺旋扁管式内管的方法来强化传热的。

螺旋线圈的结构如图 6-17 所示，螺旋线圈由直径 3mm 以下的铜丝和钢丝按一定节距绕成。将金属螺旋线圈插入并固定在管内，即可构成一种强化传热管。在近壁区域，流体一面由于螺旋线圈的作用而发生旋转，一面还周期性地受到线圈的螺旋金属丝的扰动，因而可以使传热强化。由于绕制线圈的金属丝直径很细，流体旋流强度也较弱，所以阻力较小，有利于节省能源。螺旋线圈是以线圈节距 H 与管内径 d 的比值以及管壁粗糙度为主要技术参数，且长径比是影响传热效果和阻力系数的重要因素。

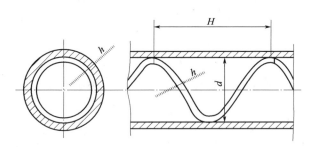

图 6-17 螺旋线圈强化管内部结构

科学家通过实验研究总结了形式为 $Nu=BRe^m$ 的经验公式，其中 B 和 m 的值因螺旋丝尺寸不同而不同。

螺旋扁管式强化换热器其内部换热管为一种新型结构的螺旋扁管（见图 6-18）。它是以圆直管为坯管，经过特殊的螺旋扁管换热器，从热量传递的角度讲，属间壁式换热器，与一般管壳式换热器不同的加工工艺，制成按一定导程扭曲的新型管型。其截面近似由矩形和两个半圆组成，形似一扁管，故称为螺旋扁管。导程又称螺距，指沿管轴向扭曲一周（360°）的长度。显然，导程反映了螺旋扁管的扭曲程度。管子两端仍为坯管即圆管，以易于固定。由螺旋扁管这种结构可以看出，它有以下几个特点：

(1) 壳测流体轴向流动　壳侧流体在螺旋流道中，被强制做旋转进入，在离心力的作用下，流体形成无数旋流。基本上无错流区，从根本上消除了换热器在流速高时产生的振动。

(2) 管程流体流动方式改变　流体在换热管内产生类似于扭曲的旋转运动，强化了管程传热。

(3) 支撑构件的减少　壳侧管与管之间，管与壳壁间，均依靠螺旋扁管的外螺旋线的点即凸点接触，相互支撑，减小了设备的质量。

(4) 壳程压降减小　由于无折流元件和支撑元件，流体的阻力主要来自大量的管间接触点和螺旋运动。较小压降进而大幅度提高气速。

(5) 流体轴向流动时，换热器内不存在严重滞留区，因而不易结垢。

(6) 管程与壳程同时强化传热。

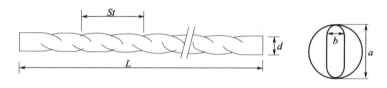

图 6-18　螺旋扁管的结构

在本实验中，因不同流量下的具有不同的 Re_i 与 Nu_i，用线性回归方法可确定 B 和 m 的值。

单纯研究强化手段的强化效果（不考虑阻力的影响），可以用强化比的概念作为评判准则，它的形式是 Nu/Nu_0。其中 Nu 是强化管的努塞尔数，Nu_0 是普通管的努塞尔数，显然，强化比 $Nu/Nu_0 > 1$。而且它的值越大，强化效果越好。需要说明的是，如果评判强化方式的真正效果和经济效益，则必须考虑阻力因素，阻力系数随着换热系数的增加而增加，从而导致换热性能的降低和能耗的增加，只有强化比较高，且阻力系数较小的强化方式，才是最佳的强化方法。

三、实验装置

1. 实验装置图

参见图 6-16。

2. 实验的测量方法

参见实验 6 的测量方法。

四、实验步骤

(1) 实验前的准备工作：向电加热釜加水至液位计上端红线处，检查空气流量旁路调节阀 5 是否全开。

(2) 接通电源总闸，打开加热电源开关，设定加热电压，开始加热。

(3) 打开蒸汽支路阀 10，全部打开空气旁路调节阀 5，关闭蒸汽支路阀 9，关闭空气支路阀 8，打开空气支路阀 7，进行强化管传热实验。

(4) 启动气泵后用旁路调节阀 5 来调节流量，调好某一流量后稳定 5～10min 后，分别测量空气的流量，空气进、出口的温度及壁面温度。然后，改变流量测量下组数据。一般从小流量到最大流量之间，要测量 5～6 组数据。

(5) 实验结束后，依次关闭加热电源、风机和总电源。一切复原。

五、原始实验数据

将原始实验数据填入表 6-16。

表 6-16 强化套管换热器数据

设备装置号：　　　传热管内径 $d_内=0.2$m　　　传热管有效长度 $L=1.2$m　　　冷流体：冷空气　　　热流体：水蒸气

序号		1	2	3	4	5	6
空气流量读数 Δp/kPa							
空气入口温度 T_1/℃							
空气出口温度 T_2/℃							
壁温 T_w/℃							
空气平均温度 T_m/℃							
空气在入口处流量 V_{T_1}/(m³/h)							
空气平均流量 V_{T_m}/(m³/h)							
空气平均流速 u_{T_m}/(m/s)							
空气在平均温度时的物性	ρ_{T_m}/(kg/m³)						
	μ_{T_m}/(Pa·s)						
	λ_{T_m}/[W/(m²·℃)]						
	c_p/[kJ/(kg·℃)]						
空气进、出口温度之差 T_2-T_1/℃							
壁面和空气的温差 T_w-T_m/℃							
空气得到的热量 Q/W							
空气侧对流传热系数 α_i/[W/(m²·℃)]							
Re							
Nu							
$Nu/Pr^{0.4}$							
Nu_0（用简单套管的回归式求出）							
Nu/Nu_0							

实验 8 板框恒压过滤常数测定实验

一、实验目的
(1) 了解板框压滤机的构造、过滤工艺流程和操作方法。
(2) 掌握恒压过滤常数 K、q_e、θ_e 的测定方法,加深对 K、q_e、θ_e 的概念和影响因素的理解。
(3) 学习滤饼的压缩性指数 s 和物料常数 k 的测定方法。
(4) 学习 $\dfrac{d\theta}{dq}$-q 关系的实验确定方法。

二、实验原理
过滤是利用过滤介质进行液-固系统的分离过程,过滤介质通常采用带有许多毛细孔的物质如帆布、毛毯、多孔陶瓷等。含有固体颗粒的悬浮液在一定压力的作用下液体通过过滤介质,固体颗粒被截留在介质表面上,从而使液固两相分离。

在过滤过程中,由于固体颗粒不断地被截留在介质表面上,滤饼厚度增加,液体流过固体颗粒之间的孔道加长,而使流体流动阻力增加。故恒压过滤时,过滤速率逐渐下降。随着过滤进行,若得到相同的滤液量,则过滤时间增加。

恒压过滤方程
$$(q+q_e)^2 = K(\theta+\theta_e) \tag{6-17}$$

式中 q——单位过滤面积获得的滤液体积,m^3/m^2;
　　　q_e——单位过滤面积上的虚拟滤液体积,m^3/m^2;
　　　θ——实际过滤时间,s;
　　　θ_e——虚拟过滤时间,s;
　　　K——过滤常数,m^2/s。

将式(6-17)进行微分可得:
$$\frac{d\theta}{dq} = \frac{2}{K}q + \frac{2}{K}q_e \tag{6-18}$$

这是一个直线方程式,于普通坐标上标绘 $\dfrac{d\theta}{dq}$-q 的关系,可得直线。

其斜率为 $\dfrac{2}{K}$,截距为 $\dfrac{2}{K}q_e$,从而求出 K、q_e。θ_e 可由下式求出:
$$q_e^2 = K\theta_e \tag{6-19}$$

当各数据点的时间间隔不大时,$\dfrac{d\theta}{dq}$ 可用增量之比 $\dfrac{\Delta\theta}{\Delta q}$ 来代替。

过滤常数的定义式:
$$K = 2k\Delta p^{1-s} \tag{6-20}$$

两边取对数
$$\lg K = (1-s)\lg \Delta p + \lg(2k) \tag{6-21}$$

$$k = \frac{1}{\mu r' \nu} = 常数$$

故 K 与 Δp 的关系在对数坐标上标绘时应是一条直线,直线的斜率为 $1-s$,由此可得滤饼的压缩性指数 s,然后代入式(6-20)求物料特性常数 k。

三、实验装置
恒压过滤实验流程见图 6-19。

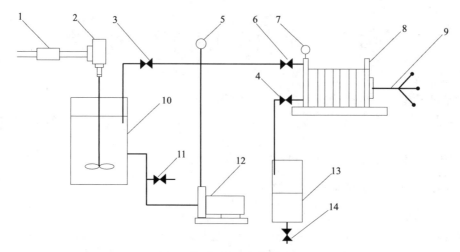

图 6-19 恒压过滤实验流程
1—调速器；2—电动搅拌器；3,4,6,11,14—阀门；5,7—压力表；8—板框
过滤器；9—压紧装置；10—滤液槽；12—旋涡泵；13—计量桶

四、实验步骤

（1）在滤浆槽中加入 $CaCO_3$ 和一定量的水，配成 $CaCO_3$ 含量为 0.05%～0.1%（质量）的滤浆。系统接上电源，打开搅拌器电源开关，启动电动搅拌器 2，将滤液槽 10 内浆液搅拌均匀。

（2）排好板和框的位置和顺序，装好滤布，压紧板框待用。排列顺序为：固定头→非洗涤板→框→洗涤板→框→非洗涤板→可动头。

（3）使阀门 3 处于全开，阀 4、6、11 处于全关状态。启动旋涡泵 12，调节阀门 3 使压力表 5 达到规定值。

（4）待压力表 5 稳定后，打开过滤入口阀 6 过滤开始。当计量桶 13 内见到第一滴液体时按表计时。记录滤液每增加高度 20mm 时所用的时间。当计量桶 13 读数为 160 mm 时停止计时，并立即关闭入口阀 6。

（5）打开阀门 3 使压力表 5 指示值下降。开启压紧装置卸下过滤框内的滤饼并放回滤浆槽内，将滤布清洗干净。放出计量桶内的滤液并倒回槽内，以保证滤浆浓度恒定。

（6）改变压力，从步骤（2）开始重复上述实验。

（7）每组实验结束后应用洗水管路对滤饼进行洗涤，测定洗涤时间和洗水量。

（8）实验结束时阀门 11 接上自来水、阀门 4 接通下水，关闭阀门 3 对泵及滤浆进出口管进行冲洗。

五、原始实验数据

将板框过滤原始数据填入表 6-17 中。

六、注意事项

（1）过滤板与框之间的密封垫应注意放正，过滤板与框的滤液进出口对齐。用摇柄把过滤设备压紧，以免漏液。

（2）计量桶的流液管口应贴桶壁，否则液面波动影响读数。

（3）实验结束时关闭阀门 3。用阀门 11、4 接通自来水对泵及滤浆进出口管进行冲洗。切忌将自来水灌入储料槽中。

（4）电动搅拌器为无级调速。使用时首先接上系统电源，打开调速器开关，调速钮一定由小到大缓慢调节，切勿反方向调节或调节过快损坏电机。

(5) 启动搅拌前，用手旋转一下搅拌轴以保证顺利启动搅拌器。

表 6-17　板框过滤原始数据

滤液量	过滤压差/MPa	压差 Δp_1	压差 Δp_2	压差 Δp_3
滤液高度 h/mm	滤液体积 V/mL	过滤时刻 θ/s	过滤时刻 θ/s	过滤时刻 θ/s

实验 9　真空过滤实验

一、实验目的

（1）了解真空过滤机的构造、过滤工艺流程和操作方法。

（2）掌握恒压过滤常数 K、q_e、θ_e 的测定方法，加深对 K、q_e、θ_e 的概念和影响因素的理解。

（3）学习滤饼的压缩性指数 s 和物料常数 k 的测定方法。

（4）学习 $\dfrac{d\theta}{dq}$-q 一类关系的实验确定方法。

二、实验原理

实验数据的计算方法如下。

恒压过滤方程：
$$(q+q_e)^2 = K(\theta+\theta_e) \tag{6-22}$$

式中　q——单位过滤面积获得的滤液体积，m^3/m^2；

q_e——单位过滤面积上的虚拟滤液体积，m^3/m^2；

θ——实际过滤时间，s；

θ_e——虚拟过滤时间，s；

K——过滤常数，m^2/s。

将式(6-22)微分得：
$$\frac{d\theta}{dq} = \frac{2}{K}q + \frac{2}{K}q_e \tag{6-23}$$

此为直线方程，于普通坐标系上标绘 $\dfrac{d\theta}{dq}$-q 的关系，所得直线斜率为 $\dfrac{2}{K}$，截距为 $\dfrac{2}{K}q_e$，从而求出 K、q_e。

θ_e 由下式得：

$$q_e^2 = K\theta_e \tag{6-24}$$

当各数据点的时间间隔不大时，$\dfrac{\mathrm{d}\theta}{\mathrm{d}q}$ 可以用增量之比来代替。即 $\dfrac{\Delta\theta}{\Delta q}$ 与 $\overline{q}$ 作图。

在实验中，当计量瓶中的滤液达到 0mm 刻度时开始按表计时，作为恒压过滤时间的零点。但是，在此之前吸滤早已开始，即计时之前系统内已有滤液存在，这部分滤液量可视为常量以 q' 表示，这些滤液对应的滤饼视为过滤介质以外的另一层过滤介质，在整理数据时应考虑进去，则方程应改写为：

$$\frac{\Delta\theta}{\Delta q} = \frac{2}{K} + \frac{2}{K}(q_e + q') \tag{6-25}$$

$$q' = \frac{V'}{A}$$

按以上方法依次计算 $\dfrac{\Delta\theta}{\Delta q}$-$\overline{q}$ 关系图上的过滤常数，以 Δp-K 的关系在双对数坐标纸上做图，并对压缩性指数 s 及物料常数 k 进行计算。

三、实验装置

如图 6-20 所示，滤浆槽内配有一定浓度的碳酸钙悬浮液，用电动搅拌器进行均匀搅拌（浆液不出现旋涡为好）。启动真空泵，使系统内真空达指定值。滤液在计量瓶内计量，过滤器结构如图 6-21 所示。

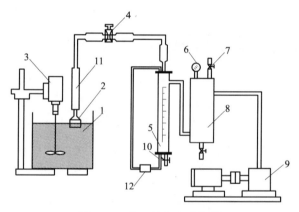

图 6-20　真空过滤实验流程

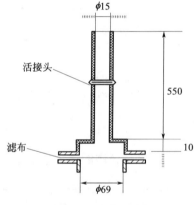

图 6-21　过滤器结构

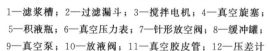

1—滤浆槽；2—过滤漏斗；3—搅拌电机；4—真空旋塞；
5—积液瓶；6—真空压力表；7—针形放空阀；8—缓冲罐；
9—真空泵；10—放液阀；11—真空胶皮管；12—压差计

四、实验步骤

（1）系统接上电源，启动电动搅拌器，待槽内浆液搅拌均匀，打开加热开关，将过滤漏斗按图 6-21 所示安装好，固定于浆液槽内。

（2）打开放空阀 7，关闭旋塞 4 及放液阀 10。

（3）启动真空泵，用放空阀 7 及时调节系统内的真空度，使真空表的读数稍大于指定值，然后打开旋塞 4 进行抽滤。此后时间内应注意观察真空表的读数应恒定于指定值。当计量瓶滤液达到 0mm 刻度时按表计时，作为恒压过滤时间的零点。记录滤液每增加 50mm 所用的时间。当计量瓶读数为 300mm 时停止计时，并立即关闭旋塞 4。

（4）把放空阀 7 全开，关闭真空泵，打开旋塞 4，利用系统内的大气压和液位高度差把吸附在过滤介质上的滤饼压回槽内，放出计量瓶内的滤液并倒回槽内，以保证滤浆浓度恒定。卸下过滤漏斗洗净待用。

（5）改变真空度重复上述实验。

五、注意事项

检查真空泵内真空泵油是否在视镜液面以上。

1. 过滤漏斗如图 6-21 安装，在滤浆中淹没一定深度，让过滤介质平行于液面，以防止空气被抽入造成滤饼厚度不均匀。

2. 用放空阀 7 调节。控制系统内的真空度以使其恒定，以保证恒压状态下操作。

3. 电动搅拌器为无级调速使用方法

（1）系统接上电源，打开调速器开关，将调速钮从"小"至"大"位启动，不允许高速挡启动，转速状态下出现异常时或实验完毕后将调速钮恢复最小位。

（2）为保证安全，实验设备应接地线。

（3）启动搅拌前，用手旋转一下搅拌轴以保证顺利启动搅拌。

六、原始实验数据

将真空过滤原始数据填入表 6-18 中。

表 6-18 真空过滤原始数据

参考数据：过滤漏斗直径 0.069m　　　计量瓶直径 0.05m

滤液量		过滤压差/MPa	压差 Δp_1	压差 Δp_2	压差 Δp_3
滤液高度 h/mm	滤液体积 V/mL		过滤时刻 θ/s	过滤时刻 θ/s	过滤时刻 θ/s

实验 10　筛板精馏塔实验

一、实验目的

（1）了解板式精馏塔的结构和操作。

（2）学习精馏塔性能参数的测量方法，并掌握其影响因素。

（3）测定精馏塔在全回流条件和某一回流比下，全塔理论塔板数和总板效率。

二、实验原理

精馏是利用液体混合物中各组分挥发度的差异，通过多次液体部分汽化和蒸汽部分冷凝，提取某一组分的单元操作。由于精馏技术比较成熟，大小规模均能适用，在一般情况下操作费用比较低，因此在化学工业中得到了广泛应用。

精馏塔是实现精馏操作的设备，常见的精馏塔主要有板式塔和填料塔。在板式塔中结构最简单的为筛板塔。

精馏塔中塔板的作用是提供汽液两相接触的场所，在塔板上汽液两相流动的方式如图6-22 所示。

回流液由上降液管流入塔板，在塔板上与上升的蒸气接触后，从下降液管流至下层塔板；上升蒸气通过塔板上的孔，与回流液接触后上升到上层塔板。在塔板上，汽液两相以错流方式接触。上升蒸气中重组分在与回流液接触时，被冷凝成液体并随着回流液流入下层塔板，冷凝放出的热量使液相中轻组分汽化，汽化的轻组分随蒸气流入上层塔板。

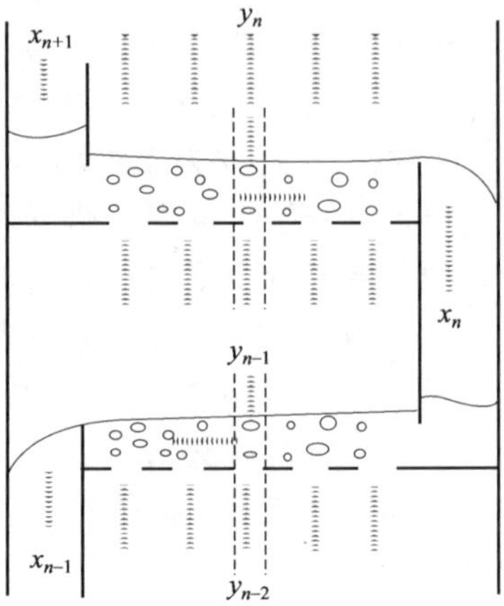

在板式精馏塔的操作过程中，汽液两相的传热、传质都是在塔板上进行的，两相的接触时间是有限的，接触面积也不可能是无穷大，因而汽液两相在离开塔板时，传质并未达到平衡。所以一块实际塔板的分离效果与一块理论塔板相比，存在一定的差距。工程上通常用塔板效率来衡量这一差距的大小。然而，每一块塔板的效率可能不相同，这就带来了很多不便，因此，工程上经常使用全塔效率（总板效率）来表示。

图 6-22 精馏塔内汽液流动

对于二元物系，如已知其汽液平衡数据，则根据精馏塔的原料液组成、进料热状况、操作回流比及塔顶馏出液组成、塔底釜液组成可以求出该塔的理论板数 N_T。按照式(6-26)可以得到总板效率 E_T，其中 N_P 为实际塔板数。

$$E_T = \frac{N_T}{N_P} \times 100\% \qquad (6-26)$$

理论板数 N_T 的求法：对于二元物系系统，若已知汽液平衡数据，根据精馏塔的原料液组成、进料热状态、操作回流比及塔顶馏出液和塔底釜液组成等可绘出平衡线和操作线，然后作直角梯级，即可求得该塔理论板数 N_T = 梯级数 -1。

在全回流条件下，在 y-x 图上，对角线即为精馏段操作线。根据塔顶、塔釜的浓度，用图解法可求得两取样口之间的理论塔板数 N。此 N 值是否等于塔体本身的理论塔板数 N_T，决定于两取样口的位置。

在部分回流条件下，在 y-x 图上，根据精馏段操作线、提馏段操作线、q 线和塔顶、塔釜的浓度，用图解法可求得两取样口之间的理论塔板数。

部分回流时，进料热状况参数的计算式为：

$$q = \frac{c_{p_m}(T_{BP} - T_F) + r_m}{r_m} \qquad (6-27)$$

式中　T_F——进料温度，℃；

T_{BP}——进料的泡点温度，℃；

c_{p_m}——进料液体在平均温度 $\frac{T_F + T_{BP}}{2}$ 下的比热容，kJ/(kmol·℃)；

r_m——进料液体在其组成和泡点温度下的汽化潜热，kJ/kmol。

$$c_{p_m} = c_{p_1} M_1 x_1 + c_{p_2} M_2 x_2 \qquad (6-28)$$

$$r_m = r_1 M_1 x_1 + r_2 M_2 x_2 \qquad (6-29)$$

式中　c_{p_1}, c_{p_2}——分别为纯组分 1 和组分 2 在平均温度下的比热容，kJ/(kg·℃)。

r_1,r_2——分别为纯组分 1 和组分 2 在泡点温度下的汽化潜热,kJ/kg;

M_1,M_2——分别为纯组分 1 和组分 2 的摩尔质量,kg/kmol;

x_1,x_2——分别为纯组分 1 和组分 2 在进料中的摩尔分数。

三、实验装置

筛板精馏流程如图 6-23 所示。

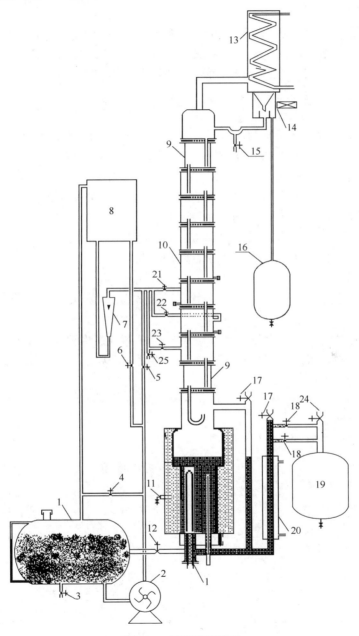

图 6-23　筛板精馏流程

1—储料罐；2—进料泵；3—放料阀；4—料液循环阀；5—直接进料阀；6—间接进料阀；7—流量计；
8—高位槽；9—玻璃观察段；10—塔身；11—塔釜取样阀；12—釜液放空阀；13—塔顶冷凝器；
14—回流比控制器；15—塔顶取样阀；16—塔顶液回收罐；17—放空阀；18—塔釜出料阀；
19—塔釜储料罐；20—塔釜冷凝器；21—第六块板进料阀；22—第七块板进料阀；
23—第八块板进料阀；24—塔釜储料罐放空阀；25—进料取样阀

四、实验步骤

1. 实验前准备工作

（1）将已配好浓度的水-乙醇混合液放入原料液储槽中。

（2）将进料转子流量计阀门打开，向塔釜再沸器内加料，直至物料液面高度超过加热电阻高度约 20mm 为止。

2. 全回流操作

向塔顶冷凝器通入冷却水，接通塔釜加热器电源，设定加热功率进行加热。当塔釜中液体开始沸腾时，注意观察塔内气液接触状况，当塔顶有液体回流后，适当调整加热功率，使塔内维持正常的操作状态。进行全回流操作至塔顶温度保持恒定 5min 后，在塔顶和塔釜分别取样，用气相色谱测量样品浓度。

3. 部分回流操作

将进料转子流量计调至流量为 1.5~2L/h，打开回流比控制器调至回流比为 4，同时接收塔顶、塔低馏出液。待塔内操作正常且塔顶温度稳定 10min 以上，表明塔内操作达到稳定，此时分别测取塔顶、塔底、进料的浓度，并记录进料温度。

4. 检查数据合理后，停止加料并将加热电压调为零，关闭回流比调节器开关。根据物系的 T-x-y 关系，确定部分回流下进料的泡点温度。

5. 实验结束后，停止加热，待塔釜温度冷却至室温后，关闭冷却水，一切复原，并打扫实验室卫生，将实验室水电切断后，方能离开实验室。

五、注意事项

（1）本实验过程中要特别注意安全，实验所用物系是易燃物品，操作过程中避免洒落以免发生危险。

（2）本实验应注意加热千万别过快，以免发生暴沸（过冷沸腾）使釜液从塔顶冲出，若遇此现象应立即断电，重新加料到指定冷液面，再缓慢升电压，重新操作。升温和正常操作中釜的电功率不能过大。

（3）开车时必须先接通冷却水，方能进行塔釜加热，停车时则反之。

六、原始实验数据

将测得精馏实验数据填入表 6-19 中。

表 6-19　精馏实验数据

实验装置：　　　　实际塔板数：10　　　　物系：水-乙醇

项目	全回流：$R=\infty$ 塔顶温度：		部分回流：$R=$ 塔顶温度：　进料温度：		进料量： 泡点温度：
	塔顶组成	塔釜组成	塔顶组成	塔釜组成	进料组成
质量分数 w					
摩尔分数 x					

七、思考题

1. 比较全回流和部分回流时的全塔效率。
2. 如何判断精馏塔的操作是否已经稳定？
3. 实验结果表明，当回流比由 4 增加到 ∞ 时，塔顶产品的浓度如何改变？塔顶产品产量如何改变？这对化工设计和生产中回流比的选择有什么指导意义？

4. 连续精馏操作时，若进料为冷料，当进料量过大时，为什么会出现精馏段干板，甚至出现塔顶没有回流、没有馏出物的现象，应该采取哪些措施？

实验 11　填料精馏塔和等板高度的测定（全回流）

一、实验目的
（1）了解填料精馏装置的基本流程及操作方法。
（2）了解影响精馏过程的主要因素。
（3）掌握等板高度的测定方法，测定全回流时填料精馏塔的理论塔板数和等板高度。
（4）测定填料的堆积密度和空隙率。

二、实验原理

精馏在化工生产中是一种重要的操作。在化工厂与化学实验室中，精馏操作被用于分离液体均相混合物。在化学科学研究中，实验室的精密分馏也是一项重要的实验技术。对于原料的准备、产品的精制等，都需要应用精馏塔进行分离操作。

精馏塔一般分为两大类，填料塔和板式塔。实验室精密分离多采用填料精馏塔。评价精馏设备的分离能力，对于板式塔，多采用塔板效率；对于填料塔，常以 1m 高的填料层内所具有的理论塔板数来表示，或者相当于一层理论塔板的填料层高度，即等板高度 $HETP$ 来表示。

对于填料精馏塔来说，影响分离能力的诸多因素中，尤以塔内装填的填料最为重要。填料的形式、规格、材质及填充方法等，都会对分离效率起很大影响。

评价精馏塔及填料性能的方法，通常采用在全回流下，即经相当长时间后，在平衡状态下，测定其最少理论板数。因为在全回流时，达到给定分离目的所需理论板数为最少，即设备的分离能力为最大，测定时免去了回流比等因素的影响，可以简单、快速、准确地比较填料的优劣。

在平衡状态下，评价精馏塔，一般采用沸点相近的物系，用芬斯克方程求解最少理论塔板数。

$$N_T = \frac{\lg\left[\left(\dfrac{x_D}{1-x_D}\right)\left(\dfrac{1-x_w}{x_w}\right)\right]}{\lg\alpha_m} - 1$$

若用塔釜中的气相组成代替釜液组成，则芬斯克方程改写为：

$$N_T = \frac{\lg\left[\left(\dfrac{x_D}{1-x_D}\right)\left(\dfrac{1-y_w}{y_w}\right)\right]}{\lg\alpha_m}$$

平均相对挥发度一般取柱顶与塔釜相对挥发度的几何平均值。即

$$\alpha_m = \sqrt{\alpha_D \alpha_w}$$

评价精馏塔常用的二元混合液有多种，本实验采用正庚烷-甲基环己烷二元理想体系（在操作温度范围内，平均相对挥发度 $\alpha_m = 1.075$）。虽然采用非理想体系的二元混合液也能测定，但当体系相对挥发度相差较大时，只能采用图解法求取理论塔板数，不能采用芬斯克方程。

填料层的等板高度 $HETP$ 为：

$$HETP = Z/N_T$$

式中，Z 为填料层的总高度，m。

本实验是在玻璃精馏塔内,采用正庚烷和甲基环己烷理想二元混合液物系。在全回流操作条件下,评比不锈钢压延环和陶瓷拉西环的分离能力。

三、实验装置

主要设备为玻璃精馏塔,内径为25mm,柱高1100~1200mm,塔体采用真空夹层和内壁镀银保温层。蒸馏瓶容积为1000mL,柱内填料高大约为1m,实验中需实际测定填料层高度。两套精馏柱内分别装填不锈钢压延环和陶瓷拉西环,蒸馏釜由电热套加热,配备调压变压器。采用转子流量计来稳定调节分馏头内冷凝器的冷却水。控制冷凝液温度,保证回流液温度恒定,分馏头设有回流液计量管和测温装置。使用阿贝折射仪进行产物分析,为保证数据准确,配有超级恒温水浴,温度为25℃。如图6-24所示。

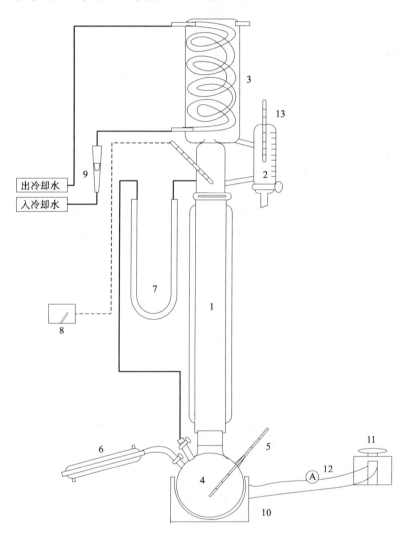

图 6-24 填料精馏塔装置

1—精馏柱;2—分馏头;3—塔顶冷凝器;4—塔釜;5—塔釜温度计;6—塔底取样冷凝器;
7—U形压差计;8—半导体温度计;9—冷却水转子流量计;10—电热套;
11—调压变压器;12—电流表;13—冷凝液温度计

四、实验步骤

(1) 配制体积比为1:1的正庚烷-甲基环己烷实验液。

(2) 将实验液加入塔釜蒸馏烧瓶内（大约700mL），加入适量沸石，以免暴沸。

(3) 通入冷水，调节冷却水流量（通常为20～40L/h），以保证塔顶蒸气全部冷凝。

(4) 启动电热设备，将釜内料液加热至沸腾。

(5) 在一定的回流量时，全回流30min后，依次在塔顶和塔釜取样，用阿贝折射仪进行分析，测得实验数据。

(6) 改变调压器的加热电压来改变塔釜蒸发量，即改变塔顶回流量。重复操作测定塔釜塔顶组成。（在全回流下，理论塔板数受回流量的影响，因此，需在不同回流量下进行测定，以求得在最适宜回流量下测得最大理论塔板数，以此作为精馏塔和填料性能评比的标准。）

五、注意事项

(1) 数据的测定必须在稳定状态下进行。

(2) 回流液温度一定要控制恒定，尽量靠近塔顶温度，其关键在于冷却水的流量要控制适当，并保持稳定。

六、原始实验数据

将测得实验数据填入表6-20～表6-23。

表6-20　实验基本参数

序号	试液名称	试液组成	塔内径/mm	填料名称	填料规格	填充高度/mm
1						
2						

表6-21　测定填料堆积密度及空隙率

项目	量筒质量/g	量筒+填料质量/g	量筒+填料+水质量/g	填料质量/g	水质量/g	堆积密度/(kg/m³)	空隙率/(m³/m³)
1							
2							

表6-22　原始实验数据

序号	操作条件			回流液量 (L)/(mL/s)	塔顶蒸气温度 (T_D)/℃	塔釜液温度 (T_W)/℃	压强降 (Δp) /mmH₂O①	塔顶溶液		塔釜溶液	
	电压/V	电流/A	冷却水量 (q_v)/(L/h)					折射率 n_D^{25}	组成 x_D	折射率 n_D^{25}	组成 x_W
1											
2											
3											
4											

① 1mmH₂O=9.80665Pa。

表 6-23　实验结果

设备号	实验序号	回流量	压强降/mmH₂O[①]	理论塔板数	等板高度/mm

① 1mmH₂O=9.80665Pa。

七、思考题

1. 根据实验结果，你对实验的两种填料如何评价？
2. 在全回流操作条件下，回流量的变化对理论塔板数有何影响？

实验 12　填料吸收塔实验

一、实验目的

（1）了解填料吸收塔的结构和流体力学性能。
（2）学习填料吸收塔传质单元高度 H_{OG}、体积吸收系数 K_Ya 和回收率的测定方法。
（3）测定填料层压强降与操作气速的关系，确定填料塔在某液体喷淋量下的液泛气速。
（4）固定液相流量和入塔混合气的浓度，在液泛速度以下取两个相差较大的气相流量，分别测量塔的传质单元高度、体积吸收系数和回收率。

二、实验原理

填料塔是一种应用十分广泛的气液传质设备。其塔体为一圆筒，筒内堆放一定高度的填料。在操作填料吸收塔时，气体自下而上从填料间隙穿过，与自上而下喷淋下来的液体在填料表面进行相际间传质。

填料塔的流体力学性能主要包括气体通过填料层时的压降、液泛气速、持液量、喷淋密度等。将气体通过此填料层时的压降 Δp 和空塔气速 u 之间的关系在双对数坐标纸上作图，并以液体的喷淋密度 L 为参数，可得图 6-25 所示的曲线。

在一定的喷淋密度和较低的空塔气速下（小于 A 点所对应的气速），液体沿填料表面流动很少受逆向气流的影响，填料层内的持液量基本不变，$\lg\Delta p$-$\lg u$ 呈线性关系。但当空塔气速大于 A 点所对应的气速后，向下流动的液体受到了逆向气流的影响明显增大，持液量随着空塔气速的增加而增加，气体流通截面积随之减少。故从 A 点开始，压降随空塔气速的增加有较大的上升，$\lg\Delta p$-$\lg u$ 曲线斜率逐渐加大。A 点称为截点。A 点以后，填料层内液体分布和填料表面润湿程度大为改善，并随空塔气速增大，两相湍流程度增大，有利于提高吸收传质速率。当达到 B 点所对应的气速后，气体通过填料层的压降迅速上升，且有强烈动荡，表示塔内已经发生液泛。B 点称

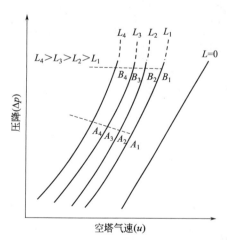

图 6-25　填料层压降 Δp 与 u 关系

为液泛点。液泛气速是操作气速的上限。液泛时,上升气流经填料层时产生的压降已增加到使下流的液体受到阻塞而聚集在填料层上,这时可以看到在填料层内出现一层呈连续相的液体,气体变成分散相呈鼓泡现象。当液泛现象发生后,若空塔气速再增加,鼓泡层迅速增加,进而蔓延到全塔。用目测来判断液泛点,容易产生误差,此时可用 $\lg\Delta p$-$\lg u$ 曲线上的液泛转折点 B 来表示。实际空塔气速应在截点气速和液泛气速之间选择,一般为液泛气速的 50%～80%。本实验就是通过测定 $\lg\Delta p$-$\lg u$ 关系曲线和实验现象观察两种方法来确定"液泛气速"。

吸收系数是决定吸收速率高低的重要参数,获得吸收系数绝大多数是采用实验的方法。对于相同的物料体系和一定的设备（填料的类型和尺寸）,吸收系数将随着操作条件及气、液接触状况的不同而变化。二氧化碳是易溶于水的气体,故气膜阻力控制着整个吸收过程速率的大小。所以,在其他条件不变的前提下,随着气速的增大,吸收系数也相应增大。

本实验所用气体混合物是含有二氧化碳的空气混合物,用水作吸收剂吸收二氧化碳。由于吸收液中的浓度不高,可认为汽液平衡关系服从亨利定律,可用方程 $Y^* = mX$ 表示;又因是常压操作,故相平衡常数 m 值仅是温度的函数。

N_{OG}、H_{OG}、K_{Ya}、ϕ_A 依下式进行计算:

$$N_{OG} = \frac{Y_1 - Y_2}{\Delta Y_m} \qquad H_{OG} = \frac{Z}{N_{OG}} \qquad \Delta Y_m = \frac{\Delta Y_1 - \Delta Y_2}{\lg\frac{\Delta Y_1}{\Delta Y_2}}$$

$$K_{Ya} = \frac{V}{H_{OG}\Omega} \qquad \phi_A = \frac{Y_1 - Y_2}{Y_1}$$

式中　　Z——填料层的高度,m;

　　　　H_{OG}——气相总传质单元高度,m;

　　　　N_{OG}——气相总传质单元数,无量纲;

　　Y_1,Y_2——进、出口气体中溶质组分的摩尔比,kmol(A)/kmol(B);

　　　　Y_m——所测填料层上下两端面上气相推动力的对数平均值;

ΔY_1,ΔY_2——分别为填料层上、下两端面上的气相推动力,$\Delta Y_2 = Y_2 - Y_2^*$,$\Delta Y_1 = Y_1 - Y_1^*$,$Y_2^* = mX_2$,$Y_1^* = mX_1$;

　　X_1,X_2——进、出口液体中溶质组分的摩尔比,kmol(A)/kmol(S);

　　　　m——相平衡常数;

　　　　K_{Ya}——气相总体积吸收系数,kmol(B)/(m³·h);

　　　　V——惰性气体的摩尔流速,kmol(B)/h;

　　　　Ω——空填料塔的截面积,$\Omega = \pi D^2/4$,m²;

　　　　D——填料塔内径;

　　　　ϕ——回收率,无量纲。

当无液体喷淋即喷淋量 $L_0 = 0$ 时,干填料的 Δp-u 的关系是直线,如图 6-26 中的直线 $L=0$。当有一定的喷淋量时,Δp-u 的关系变成折线,并存在两个转折点,下转折点称为"载点",上转折点称为"泛点"。这两个转折点将 Δp-u 关系分为三个区段:恒持液量区、载液区与液泛区。

三、实验装置

实验主要设备与仪器见图 6-26。

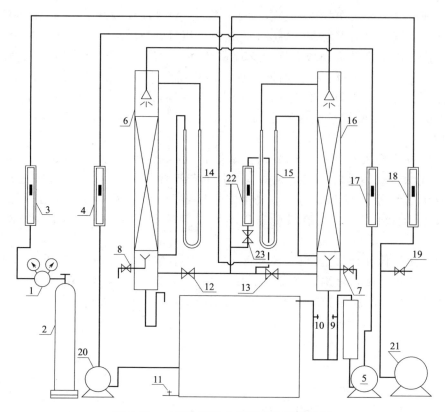

图 6-26 二氧化碳吸收解吸实验装置流程

1—减压阀；2—CO_2 钢瓶；3—CO_2 流量计；4—吸收塔水流量计；5—解吸塔水泵；6—解吸塔；
7,8—取样阀；9—吸收塔底出液阀；10—吸收塔底回液阀；11—放液阀；12,13—空气进
气阀；14,15—U形管；16—吸收塔；17—解吸塔水流量计；18—空气流量计；19—空气
旁通阀；20—吸收塔水泵；21—风机；22—大转子流量计；23—调节阀

四、实验步骤

1. 测量吸收塔干填料层 ($\Delta p/Z$)-u 关系曲线（只做吸收塔）

先全开阀门 10 和 19 及进入吸收塔的空气进气阀 13，关闭解吸塔的空气进气阀 12 和阀门 9，启动风机（先全开阀 19 和空气流量计阀 23，再利用阀 19 调节进塔的空气流量，空气流量按从小到大的顺序），读取填料层压降 Δp（U 形液柱压差计 15），然后在对数坐标纸上以空塔气速 u 为横坐标，以单位高度的压降 $\Delta p/Z$ 为纵坐标，标绘干填料层 ($\Delta p/Z$)-u 关系曲线。

2. 测量吸收塔在某喷淋量下填料层 ($\Delta p/Z$)-u 关系曲线

将水流量固定在 40L/h（水的流量因设备而定），然后用上面相同方法调节空气流量，并读取填料层压降 Δp、转子流量计读数和流量计处空气温度，并注意观察塔内的操作现象，一旦看到液泛现象，记下对应的空气转子流量计读数。在对数坐标纸上标出液体喷淋量为 40L/h 时的 ($\Delta p/Z$)-u 关系曲线，从图上确定液泛气速，并与观察的液泛气速相比较。

3. 二氧化碳吸收传质系数的测定

吸收塔与解吸塔水流量为 40L/h。

（1）打开流量计 3 和阀门 9、13、19，关闭流量计 4、17 和阀门 10、12。

（2）启动吸收塔水泵 20 将水经水流量计 4 计量后打入吸收塔中，然后打开二氧化碳钢瓶顶上的针阀，向吸收塔通入二氧化碳，流量由流量计读出在 0.2m³/h 左右。

(3) 启动解吸塔水泵 5，将吸收液经解吸塔水流量计 17 计量后打入解吸塔中，同时启动风机，利用阀门 19 调节空气流量（1m³/h）对解吸塔中的吸收液进行解吸。

(4) 操作达到稳定状态之后，测量塔底的水温，同时取样，测定两塔塔顶、塔底溶液中二氧化碳的含量。

注意：实验时要注意吸收塔水流量计和解吸塔水流量计要一致，并注意吸收塔下的储料罐中的液位，对各流量计及时调节以达到实验时的操作条件不变。

五、注意事项

(1) 开启 CO_2 总阀前，要先关闭减压阀，开启开度不宜过大。

(2) 实验时要注意吸收塔水流量计和解吸塔水流量计要一致，并注意吸收塔下的储料罐中的液位。

(3) 作分析时动作迅速，以免二氧化碳逸出。

六、原始实验数据

将测得实验数据填入表 6-24～表 6-27。

表 6-24　干填料时 $\Delta p/Z$-u 的数据

填料层高度 $Z=0.65$m　　　塔径 $D=0.07$m

序号	空气流量计读数 /(m³/h)	空气流量计处温度 /℃	填料层压强降/ mmH₂O①	单位高度填料层压强降 /(mmH₂O/m)	空塔气速 /(m/s)
1					
2					
3					
4					
5					
6					
7					
8					
9					

① 1mmH₂O=9.80665Pa。

表 6-25　某一喷淋量时的 $\Delta p/Z$-u 的数据

填料层高度：　　　塔径：

序号	空气流量计读数 /(m³/h)	空气流量计处温度 /℃	空气流量计处压强降 /mmH₂O①	单位高度填料层压强降 /(mmH₂O/m)	空塔气速 /(m/s)	操作现象
1						
2						
3						
4						
5						
6						
7						
8						
9						
10						

① 1mmH₂O=9.80665Pa。

表 6-26 填料吸收塔传质实验数据

被吸收的气体：纯 CO_2 吸收剂：水   塔内径：70mm

项目	数值	项目	数值
塔类型	吸收塔	空白液取样体积/m^3	
填料种类	ϕ 环	滴定塔底吸收液用 NaOH 的体积/m^3	
填料尺寸/m	4×10	滴定空白液用 NaOH 的体积/m^3	
填料层高度/m	0.65	塔底液相的温度/℃	
CO_2 转子流量计读数/(m^3/h)		亨利常数 $E/10^8$ Pa	
CO_2 转子流量计处温度/℃		塔底液相浓度 c_{A_1}/(mol/m^3)	
流量计处 CO_2 的体积流量/(m^3/h)		空白液相浓度 c_{A_2}/(mol/m^3)	
吸收塔水转子流量计处读数/(m^3/h)		平衡浓度 $(c_A^* = c_{A_1}^* = c_{A_2}^*)$/(mol/$m^3$)	
解析塔水转子流量计处读数/(m^3/h)		平均推动力 (Δc_{A_m})/(molCO_2/m^2)	
塔底取样体积/m^3		液相体积传质系数 $(K_Y a)$/(m/s)	

表 6-27 二氧化碳在水中的亨利系数 E 单位：10^8 Pa

气体	温度/℃											
	0	5	10	15	20	25	30	35	40	45	50	60
CO_2	0.738	0.888	1.05	1.24	1.44	1.66	1.88	2.12	2.36	2.60	2.87	3.46

七、思考题

1. 实验使用填料的类型？填料有什么作用？
2. 由实验结果得出在其他条件不变的情况下增大混合气体的流量，N_{OG}、H_{OG}、$K_{Y}a$、ϕ_A 是如何变化的，与理论分析是否一致，为什么？
3. 从 Δp-u 关系曲线中确定出液泛气速与实验中实际观测的结果是否一致？
4. 填料吸收塔塔底为什么设置液封装置，液封装置是如何设计的？
5. 当进气浓度不变时，欲提高溶液出口浓度，可采取哪些办法？

实验 13　往复筛板萃取塔实验

一、实验目的

（1）了解往复筛板萃取塔的结构。
（2）掌握萃取塔性能的测定方法。
（3）了解萃取塔传质效率的强化方法。
（4）观察不同往复频率时，塔内液滴变化情况和流动状态。
（5）固定两相流量，测定不同往复频率时萃取塔的传质单元数 N_{OE}、传质单元高度 H_{OE} 及总传质系数 $K_{Y_E}a$。

二、实验原理

萃取是分离液体混合物的一种常用操作。它的工作原理是在待分离的混合液中加入与之不互溶（或部分互溶）的萃取剂，形成共存的两个液相。利用原溶剂与萃取剂对各组分的溶解度的差别，使原溶液得到分离。

1. 液液传质特点

液液萃取与精馏、吸收均属于相际传质操作，它们之间有不少相似之处，但由于在液液系统中，两相的重度差和界面张力均较小，因而影响传质过程中两相充分混合。为了促进两相的传质，在液液萃取过程常常要借用外力将一相强制分散于另一相中（如利用外加脉冲的脉冲塔、利用塔盘旋转的转盘塔等）。然而两相一旦混合，要使它们充分分离也很难，因此萃取塔通常在顶部与底部有扩大的相分离段。

在萃取过程中，两相的混合与分离好坏，直接影响到萃取设备的效率。影响混合、分离的因素很多，除与液体的物性有关外，还有设备结构、外加能量、两相流体的流量等，很难用数学方程直接求得，因而表示传质好坏的级效率或传质系数的值多用实验直接测定。研究萃取塔性能和萃取效率时，观察操作现象十分重要，实验时应注意了解以下几点：液滴分散与聚结现象；塔顶、塔底分离段的分离效果；萃取塔的液泛现象；外加能量大小（改变转速）对操作的影响。

2. 液液萃取段高度计算

萃取过程与气液传质过程的机理类似，如求萃取段高度目前均用理论级数、级效率或者传质单元数、传质单元高度法。对于本实验所用的往复筛板塔这种微分接触装置，一般采用传质单元数、传质单元高度法计算。当溶液为稀溶液，且溶剂与稀释剂完全不互溶时，萃取过程与填料吸收过程类似，可以仿照吸收操作处理。

往复筛板萃取塔是将若干层筛板按一定间距固定在中心轴上，由塔顶的传动机构驱动而作往复运动。往复筛板萃取塔的效率与塔板的往复频率密切相关。当振幅一定时，在不发生乳化和液泛的前提下，萃取效率随频率增加而提高。

萃取塔的分离效率可以用传质单元高度 H_{OE} 或理论级高度 h_e 表示。影响往复筛板萃取塔分离效率的因素主要有塔的结构尺寸、轻重两相的流量及往复频率和振幅等。对一定的实验设备（几何尺寸一定，类型一定），在两相流量固定条件下，往复频率增加，传质单元高度降低，塔的分离能力增加。对几何尺寸一定的往复筛板萃取塔来说，在两相流量固定条件下，从较低的往复频率开始增加时，传质单元高度降低，往复频率增加到某值时，传质单元将降到最低值，若继续增加往复频率，将会使传质单元高度反而增加，即塔的分离能力下降。

本实验以水为萃取剂，从煤油中萃取苯甲酸，苯甲酸在煤油中的含量约为 0.2%（质量）。水相为萃取相（用字母 E 表示，在本实验中又称连续相、重相），煤油相为萃余相（用字母 R 表示，在本实验中又称分散相）。在萃取过程中苯甲酸部分地从萃余相转移至萃取相。萃取相及萃余相的进出口浓度由容量分析法测定之。考虑水与煤油完全不互溶，且苯甲酸在两相中的浓度都很低，可认为在萃取过程中两相液体的体积流量不发生变化。

（1）按萃取相计算的传质单元数 N_{OE} 计算公式为：

$$N_{OE} = \int_{Y_{Et}}^{Y_{Eb}} \frac{\mathrm{d}Y_E}{(Y_E^* - Y_E)} \tag{6-30}$$

式中 Y_{Et}——苯甲酸在进入塔顶的萃取相中的质量比组成（本实验中 $Y_{Et}=0$），kg 苯甲酸/kg 水；

Y_{Eb}——苯甲酸在离开塔底萃取相中的质量比组成，kg 苯甲酸/kg 水；

Y_E——苯甲酸在塔内某一高度处萃取相中的质量比组成，kg 苯甲酸/kg 水；

Y_E^*——与苯甲酸在塔内某一高度处萃余相组成 X_R 成平衡的萃取相中的质量比组成，kg 苯甲酸/kg 水。

用 Y_E-X_R 图上的分配曲线（平衡曲线）与操作线可求得 $\dfrac{1}{Y_E^* - Y_E}$-Y_E 关系。再进行图解积分或用辛普森积分可求得 N_{OE}。

（2）按萃取相计算的传质单元高度 H_{OE} 计算公式为：

$$H_{OE} = \dfrac{H}{N_{OE}} \tag{6-31}$$

式中 H——萃取塔的有效高度，m；

H_{OE}——按萃取相计算的传质单元高度，m。

（3）按萃取相计算的体积总传质系数：

$$K_{Y_E}a = \dfrac{S}{H_{OE}\Omega} \tag{6-32}$$

式中 S——萃取相中纯溶剂的流量，kg 水/h；

Ω——萃取塔截面积，m^2；

$K_{Y_E}a$——按萃取相计算的体积总传质系数。

同理，本实验也可以按萃余相计算 N_{OR}、H_{OR}、$K_{X_R}a$。

三、实验装置

实验装置流程见图 6-27。

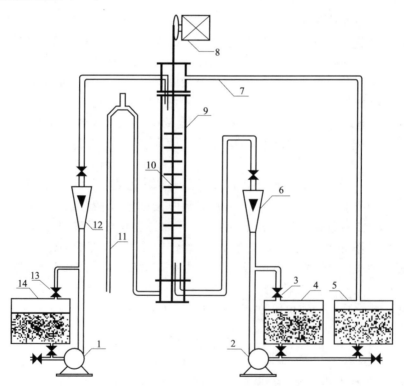

图 6-27 往复筛板萃取实验装置流程

1—水泵；2—油泵；3—回流阀；4—轻相原料液储罐；5—轻相出口液储罐；6—轻相流量计；7—轻相出口；8—电动机；9—萃取塔；10—筛板；11—π形管；12—重相流量计；13—回流阀；14—重相入口液储罐

主要设备的技术数据如下。萃取塔的几何尺寸：塔径 $D=37$mm，塔身高$=1000$mm，塔的有效高度 $H=750$mm；筛板间距：40mm；筛板数：16。

四、实验步骤

（1）在实验装置最右边的储槽内放满水，在中间的储槽内放满配制好的煤油，分别开动水相和煤油相泵的电闸，将两相的回流阀打开，使其循环流动。

（2）全开水转子流量计调节阀，将重相（连续相）送入塔内。当塔内水面快上升到重相入口与轻相出口间中点时，将水流量调至指定值（4~10L/h），并缓慢改变π形管高度使塔内液位稳定在轻相出口以下的位置上。

（3）开动电动机，适当地调节变压器使其频率达到指定值。调节频率时应慢慢调节，绝不能调节过快致使电动机产生"飞转"而损坏设备。

（4）将轻相（分散相）流量调至指定值（4~10L/h），并注意及时调节π形管的高度。在实验过程中，始终保持塔顶分离段两相的相界面位于轻相出口以下。

（5）操作稳定半小时后用锥形瓶收集轻相进、出口的样品各约40mL，重相出口样品约50mL备分析浓度之用。

（6）取样后，即可改变条件进行另一操作条件下的实验。保持油相和水相流量不变，将往复频率调到另一定数值，进行另一条件下的测试。

（7）用容量分析法测定各样品的浓度。用移液管分别取煤油相10mL、水相25mL样品，以酚酞做指示剂，用0.01mol/L NaOH标准液滴定样品中的苯甲酸。在滴定煤油相时应在样品中加数滴非离子型表面活性剂醚磺化AES（脂肪醇聚乙烯醚硫酸酯钠盐），也可加入其他类型的非离子型表面活性剂，并剧烈地摇动滴定至终点。

（8）实验完毕后，关闭两相流量计，并将调压器调至零，切断电源。滴定分析过的煤油应集中存放回收。洗净分析仪器，一切复原，保持实验台面的整洁。

五、注意事项

（1）调节电压时一定要小心谨慎慢慢地升压，千万不能增速过猛使电动机产生飞转损坏设备。最高电压为30V。

（2）在操作过程中，要绝对避免塔顶的两相界面在轻相出口以上。因为这样会导致水相混入油相储槽。

（3）由于分散相和连续相在塔顶、塔底滞留很大，改变操作条件后，稳定时间一定要足够长，大约要用半小时，否则误差极大。

（4）煤油的实际体积流量并不等于流量计的读数。需用煤油的实际流量数值时，必须用流量修正公式对流量计的读数进行修正后方可使用。

（5）煤油流量不要太小或太大，太小会使煤油出口的苯甲酸浓度太低，从而导致分析误差较大；太大会使煤油消耗增加。建议水流量取4L/h，煤油流量取6L/h。

六、原始实验数据

将实验测得的数据填入表6-28中。

七、思考题

1. 在萃取过程中选择连续相、分散相的原则是什么？
2. 往复筛板萃取塔有什么特点？
3. 萃取过程对哪些体系最好？

表 6-28 往复筛板萃取塔性能测定数据

装置编号：　　　　　　　塔型：桨叶式搅拌萃取塔　　　　塔内径：0.037m
溶质 A：苯甲酸　　　　　稀释剂 B：煤油　　　　　　　　萃取剂 S：水
连续相：水　　　　　　　分散相：苯甲酸　　　　　　　　重相密度：1000kg/m³
轻相密度：800kg/m³　　　流量计转子密度 ρ_f：7900kg/m³　塔的有效高度：0.75m　　塔内温度：

项目			1	2
往复频率电压/V				
水转子流量计读数/(L/h)				
煤油转子流量计读数/(L/h)				
校正得到的煤油实际流量/(L/h)				
浓度分析	NaOH 溶液浓度/(mol/L)			
	塔底轻相 X_{Rb}	样品体积/mL		
		NaOH 用量/mL		
	塔顶轻相 X_{Rt}	样品体积/mL		
		NaOH 用量/mL		
	塔底重相 Y_{Bb}	样品体积/mL		
		NaOH 用量/mL		
计算及实验结果	塔底轻相浓度 X_{Rb}/(kg 苯甲酸/kg 煤油)			
	塔顶轻相浓度 X_{Rt}/(kg 苯甲酸/kg 煤油)			
	塔底重相浓度 Y_{Bb}/(kg 苯甲酸/kg 水)			
	水流量 S/(kg S/h)			
	煤油流量 B/(kg B/h)			
	传质单元数 N_{OE}（图解积分）			
	传质单元高度 H_{OE}			
	体积总传质系数 $K_{Y_E}a$/{kg A/[m³·h·(kg A/kg S)]}			

实验 14　干燥速率曲线测定实验

一、实验目的

（1）掌握干燥曲线和干燥速率曲线的测定方法。
（2）学习物料含水量的测定方法，加深对物料临界含水量 X_c 的概念及其影响因素的理解。
（3）学习恒速干燥阶段物料与空气之间对流传热系数的测定方法。
（4）每组在某固定的空气流量和某固定的空气温度下测量一种物料干燥曲线、干燥速率曲线和临界含水量。

二、实验原理

当湿物料与干燥介质相接触时，物料表面的水分开始汽化，并向周围介质传递。根据干燥过程中不同期间的特点，干燥过程可分为两个阶段。

第一个阶段为恒速干燥阶段。在过程开始时，由于整个物料的湿含量较大，其内部的水分能迅速地达到物料表面。因此，干燥速率为物料表面上水分的汽化速率所控制，故此阶段亦称为表面汽化控制阶段。在此阶段，干燥介质传给物料的热量全部用于水分的汽化，物料表面的温度维持恒定（等于热空气湿球温度），物料表面处的水蒸气分压也维持恒定，故干燥速率恒定不变。

第二个阶段为降速干燥阶段，当物料被干燥达到临界湿含量后，便进入降速干燥阶段。此时，物料中所含水分较少，水分自物料内部向表面传递的速率低于物料表面水分的汽化速率，干燥速率为水分在物料内部的传递速率所控制，故此阶段亦称为内部迁移控制阶段。随着物料湿含量逐渐减少，物料内部水分的迁移速率也逐渐减少，故干燥速率不断下降。

恒速段的干燥速率和临界含水量的影响因素主要有：固体物料的种类和性质；固体物料层的厚度或颗粒大小；空气的温度、湿度和流速；空气与固体物料间的相对运动方式。

恒速段的干燥速率和临界含水量是干燥过程研究和干燥器设计的重要数据。本实验在恒定干燥条件下对帆布物料进行干燥，测定干燥曲线和干燥速率曲线，目的是掌握恒速段干燥速率和临界含水量的测定方法及其影响因素。

1. 干燥速率的测定

$$U = \frac{dW'}{Sd\tau} \approx \frac{\Delta W'}{S\Delta \tau} \tag{6-33}$$

式中　U——干燥速率，$kg/(m^2 \cdot h)$；
　　　S——干燥面积（实验室现场提供），m^2；
　　　$\Delta \tau$——时间间隔，h；
　　　$\Delta W'$——$\Delta \tau$ 时间间隔内干燥汽化的水分量，kg。

2. 物料干基含水量

$$X = \frac{G' - G_{c'}}{G_{c'}} \tag{6-34}$$

式中　X——物料干基含水量，kg 水/ kg 绝干物料；
　　　G'——固体湿物料的量，kg；
　　　$G_{c'}$——绝干物料量，kg。

3. 恒速干燥阶段

物料表面与空气之间对流传热系数的测定

$$U_c = \frac{dW'}{Sd\tau} = \frac{dQ'}{r_{T_w}Sd\tau} = \frac{\alpha(T - T_w)}{r_{T_w}} \tag{6-35}$$

$$\alpha = \frac{U_c r_{T_w}}{T - T_w} \tag{6-36}$$

式中　α——恒速干燥阶段物料表面与空气之间的对流传热系数，$W/(m^2 \cdot ℃)$；
　　　U_c——恒速干燥阶段的干燥速率，$kg/(m^2 \cdot s)$；
　　　T_w——干燥器内空气的湿球温度，℃；
　　　T——干燥器内空气的干球温度，℃；
　　　r_{T_w}——T_w 温度下水的汽化热，J/kg。

4. 干燥器内空气实际体积流量的计算

由节流式流量计的流量公式和理想气体的状态方程式可推导出：

$$V_T = V_{T_0} \times \frac{273 + T}{273 + T_0} \tag{6-37}$$

式中　V_T——干燥器内空气实际流量，m^3/s；
　　　T_0——流量计处空气的温度，℃；
　　　V_{T_0}——常压下 T_0 温度下空气的流量，m^3/s；
　　　T——干燥器内空气的温度，℃。

$$V_{T_0} = C_0 \times A_0 \times \sqrt{\frac{2\Delta p}{\rho}} \tag{6-38}$$

$$A_0 = \frac{\pi}{4} d_0^2 \tag{6-39}$$

式中　C_0——流量计流量系数，$C_0=0.65$；
　　　A_0——节流孔开孔面积，m^2；
　　　d_0——节流孔开孔直径，$d_0=0.0400m$；
　　　Δp——节流孔上、下游两侧压力差，Pa；
　　　ρ——孔板流量计处 T_0 时空气的密度，kg/m^3。

三、实验装置

干燥速率曲线测定实验流程见图 6-28。

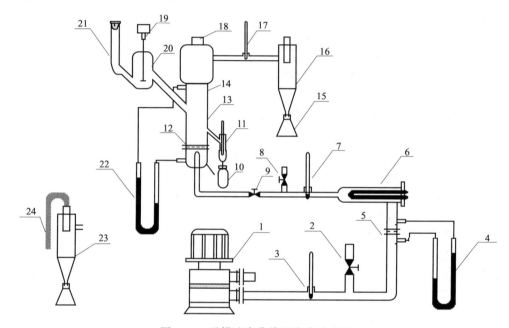

图 6-28　干燥速率曲线测定实验流程

1—风机（旋涡泵）；2—旁路阀（空气流量调节阀）；3—温度计（测气体进流量计前的温度）；4—压差计（测流量）；5—孔板流量计；6—空气预热器（电加热器）；7—空气进口温度计；8—放空阀；9—进气阀；10—出料接收瓶；11—出料温度计；12—分布板（80不锈钢丝网）；13—流化床干燥器（玻璃制品，表面镀以透明导电膜）；14—透明膜电加热电极引线；15—粉尘接收瓶；16—旋风分离器；17—干燥器出口温度计；18—取干燥器内剩料插口；19—带搅拌器的直流电机（进固料用）；20,21—原料（湿固料）瓶；22—压差计；23—干燥器内剩料接收瓶；24—吸干燥器内剩料用的吸管（可移动）

四、实验步骤

1. 实验前准备、检查工作

(1) 按实验流程检查设备，将干燥物料（硅胶粒）喷水浸湿，准备好电子天平、秒表及干燥箱。

(2) 按烘箱说明书要求，调好烘箱温度，待用。

(3) 将硅胶筛分好所需粒径，并缓慢加入适量水，搅拌均匀，在工业天平上称好所用质量，备用。

(4) 风机流量调节阀 2 打开，放空阀 8 打开，进气阀 9 关闭。

(5) 准备秒表一块。

(6) 记录流程上所有温度计的温度值。

2. 实验操作

(1) 从准备好的湿料中取出多于 10g 的物料，拿去用烘箱干燥并用天平测量，测进干燥

器的物料湿度 w_1。

(2) 启动风机，调节流量到指定读数。接通预热器电源，将其电压逐渐升高到 100V 左右，加热空气。当干燥器的气体进口温度接近 60℃ 时，打开进气阀 9，关闭放空阀 8，调节阀 2 使流量计读数恢复至规定值。

(3) 启动风机后，在进气阀尚未打开前，将湿物料倒入料瓶，准备好出料接收瓶。

(4) 待空气进口温度（60℃）和出口温度基本稳定时，记录有关数据，包括干、湿球湿度计的值。启动直流电机，调速到指定值，开始进料。同时按下秒表，记录进料时间，并观察固粒的流化情况。

(5) 加料后注意维持进口温度 T_1 不变、保温电压不变、气体流量计读数不变。

(6) 操作到有固料从出料口连续溢流时，再按一下秒表，记录出料时间。

(7) 连续操作 30min 左右。此期间，每隔一定时间（例如 5min）记录一次有关数据，包括固料出口温度 θ_2。数据处理时，取操作基本稳定后的几次记录的平均值。

(8) 关闭直流电机旋钮，停止加料，同时停秒表记录加料时间和出料时间，打开放空阀，关闭进气阀，切断加热电源。

(9) 将干燥器的出口物料称量和测取湿度 w_2（方法同 w_1）。放下加料器内剩余湿料，称量，确定实际加料量和出料量，并用旋涡气泵吸气方法取出干燥器内剩料，称量。

(10) 停风机，一切复原（包括将所有固料都放在一个容器内）。

五、注意事项

(1) 在放置干燥物料时务必要轻拿轻放，以免损坏仪表。

(2) 干燥器内必须有空气流过才能开启加热，防止干烧损坏加热器，出现事故。

(3) 干燥物料要充分浸湿，但不能有水滴自由滴下，否则将影响实验数据的正确性。

(4) 实验中不要改变智能仪表的设置。

六、原始实验数据

干燥速率曲线测定实验数据见表 6-29。

表 6-29 干燥速率曲线测定实验数据

干燥器内径 D_1=76mm　绝干硅胶比热容 c_s=0.783kJ/kg·℃　加料管内初始物料量 G_{01}=　　　g
加料管内剩余物料量 G_{11}=　　　g　加料时间：$\Delta\tau_1$=　　　min=　　　s
进干燥器物料的含水量 W_1=　　　kg 水/kg 湿物料（快速水分测定仪读数）
出干燥器物料的含水量 W_2=　　　kg 水/kg 湿物料（快速水分测定仪读数）

名　称		进料前	进料后	（每隔 5min 左右记录一次）
流量压差计读数/kPa				
风机吸入口	大气干球温度 T_0/℃			
	大气湿球温度 T_w/℃			
	相对湿度 ϕ			
干燥器进口温度 T_1/℃				
干燥器出口温度 T_2/℃				
进流量计前空气温度 T_0'/℃				
干燥器进口物料温度 θ_1/℃				
干燥器出口物料温度 θ_2/℃				
流化床层压差/mmH$_2$O①				
流化床层平均高度 h/mm				
预热器加热电压显示值/V				
预热器电阻 R_p/Ω				
加料电机电压/V				

① 1mmH$_2$O=9.80665Pa。

七、思考题

1. 在两个阶段如何分别提高干燥速率？说明理由。
2. 若提高空气的温度或增加空气的流量，干燥速率曲线、恒速干燥速率、临界含水量、平衡含水量有何变化？
3. 如何利用干、湿球温度确定干燥空气的湿度？为什么湿球温度计必须以高速气流流过湿球表面？

实验 15 膜分离实验

一、实验目的
（1）了解并掌握超滤膜分离的主要工艺设计参数。
（2）了解液相膜分离技术的特点。
（3）熟悉浓差极化、截流率、膜通量、膜污染等概念。

二、实验原理

膜分离是近十年发展起来的一种新型分离技术。常规的膜分离是采用天然或人工合成的选择性透过膜作为分离介质，在浓度差、压力差或电位差等推动力的作用下，使原料中的溶质或溶剂选择性地透过膜而进行分离、分级、提纯或富集。通常原料一侧称为膜上游，透过一侧称为膜下游。膜分离法可以用于液固（液体中的超细微粒）分离、液液分离、气气分离以及膜反应分离耦合和集成分离技术等方面。其中液液分离包括水溶液体系、非水溶液体系、水溶胶体系以及含有微粒的液相体系的分离。不同的膜分离过程所使用的膜不同，而相应的推动力也不同。目前已经工业化的膜分离过程包括微滤（MF）、反渗透（RO）、纳滤（NF）、超滤（UF）、渗析（D）、电渗析（ED）、气体分离（GS）和渗透汽化（PV）等，而膜蒸馏（MD）、膜基萃取、膜基吸收、液膜、膜反应器和无机膜的应用等则是目前膜分离技术研究的热点。膜分离技术具有操作方便、设备紧凑、工作环境安全、节约能量和化学试剂等优点，因此在 20 世纪 60 年代，膜分离方法自出现后不久就很快在海水淡化工程中得到大规模的商业应用。目前除海水、苦咸水的大规模淡化以及纯水、超纯水的生产外，膜分离技术还在食品工业、医药工业、生物工程、石油、化学工业、环保工程等领域得到推广应用。各种膜分离方法的分离范围见表 6-30。

表 6-30 各种膜分离方法的分离范围

膜分离类型	分离粒径/μm	近似相对分子质量	常见物质
过滤	>1		砂粒、酵母、花粉、血红蛋白
微滤	0.06~10	>500000	颜料、油漆、树脂、乳胶、细菌
超滤	0.005~0.1	6000~500000	凝胶、病毒、蛋白、炭黑
纳滤	0.001~0.011	200~6000	染料、洗涤剂、维生素
反渗透	<0.001	<200	水、金属离子

超滤膜分离基本原理是在压力差推动下，利用膜孔的渗透和截留性质，使得不同组分的体系性质以及操作条件等密切相关。影响膜分离的主要因素有：①膜材料，指膜的亲疏水性和电荷性会影响膜与溶质之间的作用力大小；②膜孔径，膜孔径的大小直接影响膜通量和膜的截流率，一般来说在不影响截流率的情况下尽可能选取膜孔径较大的膜，这样有利于提高

膜通量；③操作条件（压力和流量）。另外料液本身的一些性质如溶液 pH 值、盐浓度、温度等都对膜通量和膜的截流率有较大的影响。

从动力学上讲，膜通量的一般形式：

$$J_V = \frac{\Delta p}{\mu R} = \frac{\sum p}{\mu(R_m + R_c + R_f)}$$

式中，J_V 为膜通量；R 为膜的过滤总阻力；R_m 为膜自身的机械阻力；R_c 为浓差极化阻力；R_f 为膜污染阻力。

过滤时，由于筛分作用，料液中的部分大分子溶质会被膜截留，溶剂及小分子溶质则能自由地透过膜，从而表现出超滤膜的选择性。被截留的溶质在膜表面处积聚，其浓度会逐渐上升，在浓度梯度的作用下，接近膜面的溶质又以相反方向向料液主体扩散，平衡状态时膜表面形成一溶质浓度分布的边界层，对溶剂等小分子物质的运动起阻碍作用。这种现象称为膜的浓差极化，是一可逆过程。

膜污染是指处理物料中的微粒、胶体或大分子由于与膜存在物理化学相互作用或机械作用而引起的在膜表面或膜孔内吸附和沉积造成膜孔径变小或孔堵塞，使膜通量的分离特性产生不可逆变化的现象。

膜分离单元操作装置的分离组件采用超滤中空纤维膜。当欲被分离的混合物料流过膜组件孔道时，某组分可穿过膜孔而被分离。通过测定料液浓度和流量可计算被分离物的脱除率、回收率及其他有关数据。当配置真空系统和其他部件后，可组成多功能膜分离装置，能进行膜渗透蒸发、超滤、反渗透等实验。

三、实验装置

1. 超滤膜分离实验装置

超滤膜分离综合实验装置及流程如图 6-29 所示。中空纤维超滤膜组件规格为：PS10 截

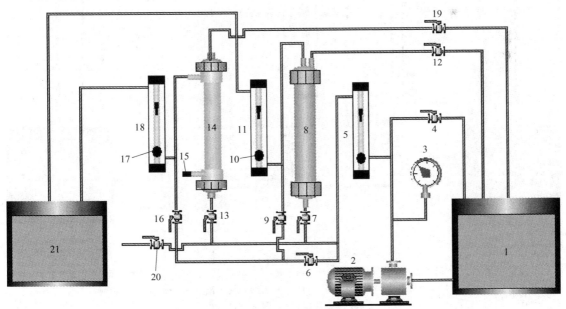

图 6-29　超滤膜分离实验装置流程

1—原料液水箱；2—循环泵；3—压力表；4—旁路调压阀；5—总流量计；6,7,13,20—阀；8—膜组件 UF100；
9,16—反冲洗阀；10,17—流量计阀；11,18—透过液转子流量计；12,19—浓缩液阀；
14—膜组件 PS50；15—备用口；21—透过液水箱

留相对分子质量为 10000，内压式，膜面积为 $0.1m^2$，纯水通量为 3～4L/h；PS50 截留相对分子质量为 50000，内压式，膜面积为 $0.1m^2$，纯水通量为 6～8L/h；PP100 截留相对分子质量为 100000，卷式膜，膜面积为 $0.1m^2$，纯水通量为 40～60L/h。

本实验将料液由输液泵输送，经粗滤器和精密过滤器过滤后经转子流量计计量后从下部进入到中空纤维超滤膜组件中，经过膜分离将料液分为两股：一股是透过液——透过膜的稀溶液（主要由低分子量物质构成）经流量计计量后回到低浓度料液储罐（淡水箱）；另一股是浓缩液——未透过膜的溶液（浓度高于料液，主要由大分子物质构成）回到高浓度料液储罐（浓水箱）。

溶液中料液的浓度采用分光光度计分析。在进行一段时间实验以后，膜组件需要清洗。反冲洗时，只需向淡水箱中接入清水，打开反冲阀，其他操作与分离实验相同。

中空纤维膜组件容易被微生物侵蚀而损伤，故在不使用时应加入保护液。在本实验系统中，拆卸膜组件后加入保护液（1%～5%甲醛溶液）进行保护膜组件。

2. 纳滤、反渗透膜分离实验装置

纳滤、反渗透膜分离综合实验装置流程如图 6-30 所示。纳滤膜组件：纯水通量为 12L/h，膜面积为 $0.4m^2$，氯化钠脱盐率为 40%～60%，操作压力为 0.6MPa。反渗透膜组件：纯水通量为 10L/h，膜面积为 $0.4m^2$，脱盐率为 90%～97%，操作压力为 0.6MPa。电源为 220V；泵电源为 DC24V；功率为 50W；最高工作温度为 50℃；最高工作压力为 0.8MPa。

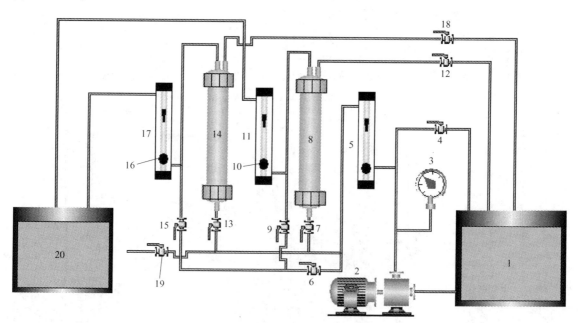

图 6-30 纳滤、反渗透膜分离实验装置流程
1—原料液水箱；2—循环泵；3—压力表；4—旁路调压阀；5—总流量计；6,7,13,19—阀；8—反渗透膜组件；9,15—反冲洗阀；10,16—流量计阀；11,17—透过液转子流量计；12,18—浓缩液阀；14—纳滤膜组件；20—透过液水箱

四、实验步骤

1. 准备工作

（1）配制 1%～5% 的甲醛作为保护液。

(2) 配制 0.05g/L 的聚乙烯醇溶液。

(3) 发色剂的配制　0.64mol/L 的硼酸溶液 1L；12.7g 碘＋25g 碘化钾溶解在 1L 的去离子水中。

(4) 打开 751 型分光光度计预热。

(5) 用标准溶液测定工作曲线　用分析天平准确称取在 60℃下干燥 4h 的聚乙二醇 1.000g，精确到 mg，溶于 1000mL 的容量瓶中，配制成溶液，分别吸取聚乙二醇溶液 1.0mL、3.0mL、5.0mL、7.0mL、9.0mL 溶于 100mL 的容量瓶内配制成浓度为 10mg/L、30mg/L、50mg/L、70mg/L、90mg/L 的标准溶液。再各准备量取 25mL 加入 100mL 容量瓶中，分别加入发色剂和醋酸缓冲溶液各 10mL，稀释至刻度，放置 15min 后用 1cm 比色池用分光光度计测量光密度。以去离子水为空白，作标准曲线。

2. 实验操作

(1) 用自来水清洗膜组件 2～3 次，洗去组件中的保护液。排尽清洗液，安装膜组件。

(2) 打开阀 4，关闭阀 6、阀 7 及反冲洗阀门。

(3) 将配制好的料液加入原料液水箱中，分析料液的初始浓度并记录。

(4) 开启电源，使泵正常运转，这时泵打循环水。

(5) 选择需要做实验的膜组件，打开相应的进口阀，如若选择做超滤膜分离中的相对分子质量为 10000 的膜组件实验时，打开阀 7。

(6) 组合调节阀门 4、浓缩液阀门，调节膜组件的操作压力。超滤膜组件进口压力为 0.04～0.07MPa；反渗透及纳滤为 0.4～0.6MPa。

(7) 启动泵稳定运转 5min 后，分别取透过液和浓缩液样品，用分光光度计分析样品中聚乙烯醇的浓度。然后改变流量，重复进行实验，共测 1～3 个流量。期间注意膜组件进口压力的变化情况，并做好记录，实验完毕后方可停泵。

(8) 清洗中空纤维膜组件。待膜组件中料液放尽之后，用自来水代替原料液，在较大流量下运转 20min 左右，清洗超滤膜组件中残余的原料液。

(9) 实验结束后，把膜组件拆卸下来，加入保护液至膜组件的 2/3 高度。然后密闭系统，避免保护液损失。

(10) 将分光光度计清洗干净，放在指定位置，切断电源。

(11) 实验结束后检查水、电是否关闭，确保所用系统水电关闭。

五、注意事项

(1) 泵启动之前一定要"灌泵"，即将泵体内充满液体。

(2) 取样方法　从表面活性剂料液储罐中用移液管吸取 5mL 浓缩液配成 100mL 溶液；同时在透过液出口端和浓缩液出口端分别用 100mL 烧杯接取透过液和浓缩液各约 50mL，然后用移液管从烧杯中吸取透过液 10mL、浓缩液 5mL 分别配成 100mL 溶液。烧杯中剩余的透过液和浓缩液全部倒入表面活性剂料液储罐中，充分混匀后，随后进行下一个流量实验。

(3) 分析方法　料液浓度的测定方法是先用发色剂使 PVA 显色，然后用分光光度计测定。

首先测定工作曲线，然后测定浓度。吸收波长为 690nm。具体操作步骤为：取定量中性或微酸性的料液溶液加入到 50mL 的容量瓶中，加入 8mL 发色剂，然后用蒸馏水稀释至标线，摇匀并放置 15min 后，测定溶液吸光度，经查标准工作曲线即可得到料液溶液的浓度。

(4) 进行实验前必须将保护液从膜组件中放出，然后用自来水认真清洗，除掉保护液；实验后，也必须用自来水认真清洗膜组件，洗掉膜组件中的料液，然后加入保护液。加入保护液的目的是为了防止系统生菌和膜组件干燥而影响分离性能。

(5) 若长时间不用实验装置，应将膜组件拆下，用去离子水清洗后加上保护液保护膜组件。

(6) 受膜组件工作条件限制，实验操作压力须严格控制：建议操作压力不超过 0.10MPa，工作温度不超过 45℃，pH 值为 2～13。

六、原始实验数据

实验条件和数据记录如表 6-31 所示。

表 6-31　膜分离实验数据

压强（表压）：　　　MPa；温度：　　　℃

实验序号	起止时间	浓度/(mg/L)			流量/(L/h)
		原料液	浓缩液	透过液	透过液

数据处理

(1) 料液截留率　聚乙二醇的截留率 R：

$$R = \frac{c_0 - c_1}{c_0}$$

式中，c_0 为原料初始浓度；c_1 为透过液浓度。

(2) 透过液通量

$$J = \frac{V}{tS}$$

式中，V 为渗透液体积；S 为膜面积；t 为实验时间。

(3) 浓缩因子

$$N = \frac{c_2}{c_0}$$

式中，N 为浓缩因子；c_2 为浓缩液浓度。

七、思考题

1. 请简要说明超滤膜分离的基本机理。
2. 超滤组件长期不用时，为何要加保护液？
3. 在实验中，如果操作压力过高会有什么后果？
4. 提高料液的温度对膜通量有什么影响？

实验 16 汽液平衡数据的测定

汽液平衡关系是精馏、吸收等单元操作的基础数据。随着化工生产的不断发展，现有汽液平衡数据远不能满足需要。许多物质的平衡数据很难由理论计算直接得到，必须由实验测定。在热力学研究方面，新的热力学模型的开发，各种热力学模型的比较筛选等也离不开大量精确的汽液平衡实测数据。现在，各类化工杂志每年都有大量的汽液平衡数据及汽液平衡测定研究的文章发表。所以，汽液平衡数据的测定及研究深受化工界人士的重视。

一、实验目的

(1) 测定乙醇-水二元体系在 101.325kPa 下的汽液平衡数据。
(2) 通过实验了解平衡釜的构造，掌握汽液平衡数据的测定方法和技能。
(3) 应用 Wilson 方程关联实验数据。

二、实验原理

由于汽液平衡体系的复杂性及汽液平衡测定技术的不断发展，汽液平衡测定也形成了特点各异的不同种类。按压力分，有常减压汽液平衡和高压汽液平衡。高压汽液平衡测定的技术相对比较复杂，难度较大；常减压汽液平衡测定相对较易。按形态分，有静态法和动态法。静态法技术相对要简单一些，而动态法测定的技术要复杂一些，但测定较快较准。在动态法里又有单循环法和双循环法。双循环法就是让气相和液相都循环，而单循环只让其中一相（一般是气相）循环。在一般情况下，常减压汽液平衡都采用双循环，而在高压汽液平衡中，只让气相强制循环。循环的好处是易于平衡、易于取样分析。根据对温度及压力的控制情况，有等温法和等压法之分，一般静态法采用等温测定，动态法的高压汽液平衡测定多采用等温法。总之，汽液平衡系统特点各异，而测定的方法亦丰富多彩。

本试验采用的是常压下（等压）双循环法测定乙醇-水的汽液平衡数据。当达到平衡时，除两相的温度和压力分别相等外，每一组分化学位也相等，即逸度相等，其热力学基本关系为：

$$\hat{f}_i^L = \hat{f}_i^V$$

$$\hat{\phi}_i^V p y_i = \gamma_i f_i^s x_i \tag{6-40}$$

常压下，气相可视为理想气体，再忽略压力对流体逸度的影响，有：

$$\hat{\phi}_i^v = 1 \qquad f_i^s = p_i^s$$

从而得出低压下汽液平衡关系式为：

$$p y_i = \gamma_i p_i^s x_i \tag{6-41}$$

式中 p——体系压力（总压）；

p_i^s——纯组分 i 在平衡温度下的饱和蒸气压,可用 Antoine 公式计算;

x_i,y_i——分别为组分 i 在液相和气相中的摩尔分数;

γ_i——组分 i 的活度系数。

图 6-31 为平衡法测定汽液平衡原理。

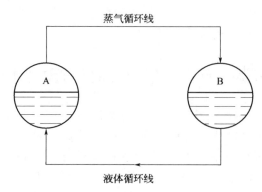

图 6-31　平衡法测定汽液平衡原理

Antoin 公式:

$$\lg p_i^0 = A_i - \frac{B_i}{C_i + t}$$

由实验测得等压下汽液平衡数据,则可用式(6-42)计算出不同组成下的活度系数。

$$\gamma_i = \frac{p y_i}{x_i p_i^s} \tag{6-42}$$

这样得到的活度系数,我们称为实验的活度系数。

本实验中活度系数和组成关系采用 Wilson 方程关联。Wilson 方程为:

$$\ln \gamma_1 = -\ln(x_1 + \Lambda_{12} x_2) + x_2 \left(\frac{\Lambda_{12}}{x_1 + \Lambda_{12} x_2} - \frac{\Lambda_{21}}{x_2 + \Lambda_{21} x_1} \right) \tag{6-43}$$

$$\ln \gamma_2 = -\ln(x_2 + \Lambda_{21} x_1) + x_1 \left(\frac{\Lambda_{21}}{x_2 + \Lambda_{21} x_1} - \frac{\Lambda_{12}}{x_1 + \Lambda_{12} x_2} \right) \tag{6-44}$$

Wilson 方程二元配偶函数 Λ_{12} 和 Λ_{21} 采用高斯-牛顿法,由二元汽液平衡数据回归得到。

目标函数选为气相组成误差的平方和,即

$$F = \sum_{j=1}^{m} (y_{1实} - y_{1计})_j^2 + (y_{2实} - y_{2计})_j^2 \tag{6-45}$$

三、实验装置

(1) 工程热力学研究室改进的 Rose 釜,该釜结构独特,气、液双循环,操作非常简便,平衡时间短,不会出现过冷过热现象,适用范围广。温度测定用 A 级温度传感器。样品组成采用折射率法分析,其结构如图 6-32 所示。

(2) 气相色谱仪一台或阿贝折射仪。

四、实验步骤

(1) 开启气相色谱仪或阿贝折射仪。

(2) 测定物料纯度,用在 20℃ 下折射率或色谱分析检测。

(3) 用量筒量取 140~150mL 去离子水,30~35mL 无水乙醇,从加料口加入平衡釜内。

(4) 开冷却水（注意不要开得太大）。

(5) 打开加热开关，调节调压器使加热电压在 220V，待釜液沸腾 2~3min，慢慢地将电压降低至 90~130V（视沸腾情况而定，以提升管内的汽泡能连续缓慢地上升为准，不可猛烈上冲，也不可断断续续）。

(6) 从气压机上读出大气压数据并记录。

(7) 调解阿贝折射仪的循环水温至 30℃。

(8) 观察平衡釜内气液循环情况，注意平衡室温度变化情况，若温度已连续 15~20min 保持恒定不变，则可以认为已达到平衡，可以取样分析。

(9) 将一个取样瓶在天平上称重（记下质量 G_1），然后往瓶内加入半瓶左右的去离子水（约 3mL）称重（记下质量 G_2），该含水的取样瓶用于取气相样品。另一个空瓶取液相样品。

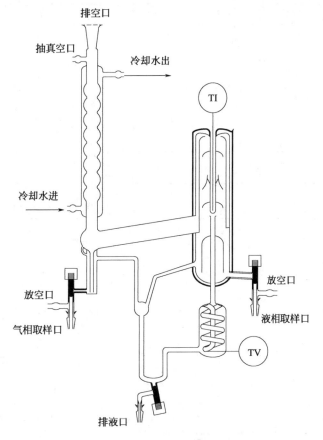

图 6-32 双循环平衡釜

(10) 取样前记下平衡温度，并用一烧杯分别从两个取样口放掉 1~2mL 的液体。

(11) 用准备好的两个取样瓶同时取样，取样量约为容积的 4/5。取好样品后，立即盖上盖子。然后将气相样品瓶在电光天平上称重（记下质量 G_3）。液相不必称重。

(12) 取样后，再向釜内加入 15~20mL 的乙醇以改变釜内组成。

(13) 将气相样品瓶摇晃，使瓶内样品均匀，然后将两个样品在阿贝折射仪上测出折射率通过 n_D^{30}-x 标准曲线查出液相样品的摩尔组成 x，气相稀释样品的组成 y'。

(14) 根据称出的质量（G_1、G_2、G_3）及气相稀释样品的组成 y' 计算出气相组成 $y_实$，计算公式为：

$$y = \frac{18y'(G_3-G_1)}{18(G_3-G_2)-28y'(G_2-G_1)}$$

重复上述步骤，进行下一组数据的测定。要求每小时测定 4~5 组平衡数据。结束实验，整理好实验室。

上述步骤供同学参考，有些步骤可以交叉进行，请同学们在独立思考的基础上谨慎操作。

五、原始实验数据

实验数据都要及时如实地记录在实验数据记录表内（见表 6-32、见表 6-33）。

将所测数据在 x-y 图、T-x-y 图上画出。

表 6-32　实验条件记录

序号	大气压力/mmHg	系统压力/mmHg	室温/℃	加热电压
1				
2				
3				
4				
5				

表 6-33　实验数据记录

序号	平衡温度	气相						液相	
		G_1	G_2	G_3	n_D^{30}	$\gamma_{1'}$	γ	n_D^{30}	x_1
1									
2									
3									
4									
5									

注：G_1 为瓶重；G_2 为（瓶+水）重；G_3 为（瓶+水+样品）重。

六、思考题

1. 实验中怎样判断气液两相已达到平衡？
2. 影响汽液平衡测定准确度的因素有哪些？
3. 为什么要确定模型参数，对实际工作有何作用？

实验 17　三元液液平衡的测定

液液萃取是化工过程中一种重要的分离方法，它在节能上的优越性尤其显著。液液相平衡数据是萃取过程设计及操作的主要依据。平衡数据的获得主要依赖于实验测定。

一、实验目的

（1）掌握三角形相图的绘制和选择性系数 β 的计算。

（2）采用所谓浊点-物性联合法，测定乙醇-环己烷-水三元物系的液液平衡双结点曲线（又称溶解度曲线）和平衡结线。

二、实验原理

1. 溶解度测定的原理

乙醇和环己烷、乙醇和水均为互溶体系，但水在环己烷中溶解度很小。在定温下，向乙醇-环己烷溶液中加入水，当水达到一定数量时，原来均匀清晰的溶液开始分裂成水相和油相二相混合物，此时体系不再是均匀的了。当物系发生相变时，液体由清变浊。使体系变浊所需的加水量取决于乙醇和环己烷的起始浓度和给定温度。利用体系在相变时的浑浊和清亮现象可以测定体系中各组分之间的互溶度。一般液体由清变浊肉眼易于分辨，所以本实验采用先配制乙醇-环己烷溶液，然后加入第三组分水，直到溶液出现浑浊，通过逐一称量各组分来确定平衡组成即溶解度。

2. 平衡结线测定的原理

由相律知，定温、定压下，三元液液平衡体系的自由度 $f=1$。这就是说在溶解度曲线上只要确定一个特性值就能确定三元物系的性质。通过测定在平衡时上层（油相）、下层（水相）的折射率，并在预先测制的浓度-折射率关系曲线上查得相应组成，便获得平衡结线。

三、实验装置

1. 仪器

液液平衡釜、电磁搅拌器、阿贝折射仪、恒温水槽、电光分析天平、A级温度传感器、医用注射器、量筒、烧杯等。

2. 试剂

分析纯乙醇、分析纯环己烷及去离子水。

四、实验步骤

(1) 打开恒温水槽的电源开关、加热开关。

(2) 注意观察平衡釜温度计的变化，使之稳定在25℃（可调节恒温水槽的温度表）。

(3) 将 7mL 环己烷倒入三角烧瓶，在天平上称重（记下质量 G_2），然后将环己烷倒入平衡釜，再将三角烧瓶称重（记下质量 G_1）。于是得倒入釜内环己烷的量为 (G_2-G_1)。用同样的方法将 1~2mL 的无水乙醇，加入平衡釜（亦记下相应的质量）。

(4) 打开搅拌器搅拌 2~3min，使环己烷和乙醇混合均匀。

(5) 用一小医用针筒抽取 2~3mL 去离子水，用吸水纸轻轻擦去针尖外的水，在天平上称重并记下质量。将针筒里的水缓慢地向釜内滴加，仔细观察溶液，当溶液开始变浊时，立即停止滴水，将针筒轻微倒抽（切不可抽过头），以便使针尖上的水抽回，然后将针筒连水称重，记下质量，两次质量之差便是所加的水量。根据烷、醇、水的质量，可算出变浊点组成。如果改变醇的量，重复以上操作，便可测得一系列溶解度数据。

(6) 将 7mL 水倒入三角烧瓶，在天平上称重，然后将水倒入平衡釜，再将三角烧瓶称重。于是得倒入釜内水的量为两次质量之差。用同样的方法将 1~2mL 的无水乙醇，加入平衡釜（亦记下相应的质量）。

(7) 打开搅拌器搅拌 2~3min，使水和乙醇混合均匀。

(8) 用一小医用针筒抽取 2~3mL 环己烷，用吸水纸轻轻擦去针尖外的环己烷，在天平上称重并记下质量。将针筒里的环己烷缓慢地向釜内滴加，仔细观察溶液，当溶液开始变浊时，立即停止滴环己烷，将针筒轻微倒抽（切不可抽过头），以便使针尖上的环己烷抽回，然后将针筒连环己烷称重，记下质量，两次质量之差便是所加的环己烷量。根据烷、醇、水的质量，可算出变浊点组成。如果改变醇的量，重复以上操作，便可测得一系列溶解度数据。

(9) 将以上所有溶解度数据绘在三角形相图上，便成一条溶解度曲线。

(10) 用针筒向釜内添加 1~2mL 水，缓缓搅拌 1~2min，停止搅拌，静置 15~20min，待其充分分层以后，用洁净的注射器分别小心抽取上层和下层样品，测定折射率，并通过标准曲线查出两个样品的组成。这样就能得到一条平衡结线。

(11) 再向釜内添加 1~2mL 水，重复步骤 (10)，测定下一组数据，要求测 3~4 组数据（3条平衡结线）。

(12) 结束实验，整理实验室。

五、原始实验数据

1. 实验条件

室温：　　　大气压：　　　平衡釜温度：

2. 溶解度测定记录

将溶解度测定结果记录入表6-34中。

表6-34　溶解度测定记录

项目	三角烧瓶+试样（或针筒）重/g	三角烧瓶（或针筒）重/g	组分重/g	质量分数/%
环己烷				
乙醇				
水				

3. 平衡结线数据记录

将平衡结线数据结果记录入表6-35。

表6-35　平衡结线数据记录

序号	组分	上层液体 n_D^{25}	质量分数/%	下层液体 n_D^{25}	质量分数/%
1	乙醇				
	环己烷				
	水				
2	乙醇				
	环己烷				
	水				
3	乙醇				
	环己烷				
	水				
4	乙醇				
	环己烷				
	水				

4. 关于分配系数

在三元液液平衡体系中，若两相中溶质A的分子不变化，则A的分配系数定义为：

$$K_A = \frac{溶质A在萃取相中的浓度\ w_A(\%)}{溶质A在萃余相中的浓度\ w_A(\%)}$$

选择性系数可定义为：

$$\beta_{12} = \frac{萃取相中1组分(溶剂水)与2组分(溶剂环己烷)的浓度比}{萃取相中1组分(溶剂)与2组分(溶剂)的浓度比}$$

虽然在三元液液平衡体系中，溶剂和溶质可能是相对的，但在具体的工业过程中，溶质和溶剂则是确定的，在本实验中，我们不妨把乙醇看作溶质，而把水和环己烷看作溶剂1和溶剂2，水相便是萃取相、油相便是萃余相（在这里水是萃取剂）。

请根据实验数据计算分配系数和选择性系数,请注意分配系数和选择性系数的意义。

六、思考题

1. 用热力学知识解释引起液体分层的原因。
2. 为什么根据系统由清变浊的现象即可测定相界?
3. 如何用分配系数、选择性系数来评价萃取溶剂的性能?
4. 分析温度、压力对液液平衡的影响。

实验 18 二氧化碳临界状态观测及 pVT 关系测定实验

一、实验目的

(1) 观察 CO_2 临界状态现象,增加对临界状态概念的感性认识。

(2) 加深对纯物质热力学状态:汽化、冷凝、饱和态和超临界流体等基本概念的理解;测定 CO_2 的 pVT 数据,在 p-V 图上绘出 CO_2 等温线。

(3) 学会活塞式压力计、恒温器等热工仪器的正确使用方法。

二、实验原理

纯物质的临界点表示汽液平衡共存的最高温度(T_c)和最高压力(p_c)点。纯物质所处的温度高于 T_c,无论压力大小,都不存在液相;压力高于 p_c,无论温度高低,都不存在气相;同时高于 T_c 和 p_c,则为临界区。

本实验测量 $T>T_c$,$T=T_c$,$T<T_c$ 三种温度条件下的等温线。$T>T_c$ 等温线为一条光滑曲线;$T=T_c$ 等温线,在临界压力附近有一水平拐点,并出现气液不分现象;$T<T_c$ 等温线,分为三段,中间一水平线段为气液共存区。

对纯流体处于平衡状态时,其状态参数 p、V、T 存在以下关系:$F(p, V, T)=0$ 或 $V=f(p,T)$。

由相律知,纯物质在单相区内的自由度为2,当温度一定时,体积随压力而变;在两相区,自由度为1,温度一定,压力一定,饱和液体和饱和蒸气体积一定。本实验就是利用定温的方法测定 CO_2 的 p 和 V 之间的关系,获得 CO_2 的 p-V-T 数据。

三、实验装置

整个实验装置由压力台、恒温器和实验台本体及其防护罩等三大部分组成(如图6-33、图6-34所示)。

实验中,由压力台油缸送来的压力油进入高压容器和玻璃杯上半部,迫使水银进入预先

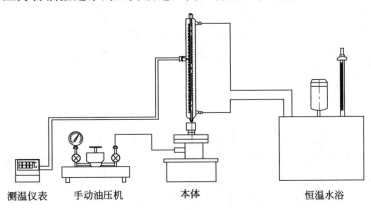

图 6-33 实验台系统

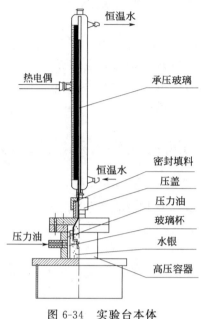

图 6-34 实验台本体

装有高纯度的 CO_2 气体的承压玻璃管（毛细管），CO_2 被压缩，其压力和容积通过压力台上的活塞杆的进、退来调节。温度由恒温器供给的水套里的水温调节，水套的恒温水由恒温浴供给。

CO_2 的压力由装在压力台上的精密压力表读出（注意：绝压＝表压＋大气压），温度由插在恒温水套中的温度计读出，比容由 CO_2 柱的高度除以质面比常数计算得到。

试剂：高纯度二氧化碳。

四、实验步骤

1. 按图 6-33 装好实验设备。

2. 恒温器准备及温度调节

（1）把水注入恒温器内，至离盖 30～50mm。检查并接通电路，启动水泵，使水循环对流。

（2）把温度调节仪波段开关拨向调节，调节温度旋钮设置所要调定的温度，再将温度调节仪波段开关拨向显示。

（3）视水温情况，开、关加热器，当水温未达到要调定的温度时，恒温器指示灯是亮的，当指示灯时亮时灭闪动时，说明温度已达到所需要的恒温。

（4）观察温度，其读数的温度点温度设定的温度一致时（或基本一致），则可认为承压玻璃管内的 CO_2 的温度处于设定的温度。

（5）当所需要改变实验温度时，重复步骤（2）～（4）即可。

3. 加压前的准备

因为压力台的油缸容量比容器容量小，需要多次从油杯里抽油，再向主容器管充油，才能在压力表显示压力读数。压力台抽油、充油的操作过程非常重要，若操作失误，不但加不上压力，还会损坏实验设备。所以，务必认真掌握，其步骤如下。

（1）关压力表及其进入本体油路的两个阀门，开启压力台油杯上的进油阀。

（2）摇退压力台上的活塞螺杆，直至螺杆全部退出。这时，压力台油缸中抽满了油。

(3) 先关闭油杯阀门，然后开启压力表和进入本体油路的两个阀门。

(4) 摇进活塞螺杆，使本体充油。如此反复，直至压力表上有压力读数为止。

(5) 再次检查油杯阀门是否关好，压力表及本体油路阀门是否开启。若均已调定后，即可进行实验。

4. 测定承压玻璃管（毛细管）内 CO_2 的质面比常数 K 值

由于承压玻璃管（毛细管）内 CO_2 质量不便测量，承压玻璃管（毛细管）内径或截面积（A）又不易测准。本实验采用间接办法来确定 CO_2 的比容。假定承压玻璃管（毛细管）内径均匀一致，CO_2 的比容与其高度成正比。具体方法如下。

(1) 由文献可知，纯 CO_2 液体在 25℃、7.8MPa 时的比容为 0.00124 m^3/kg。

(2) 实际测定本装置在 25℃、7.8MPa（表压大约为 7.7MPa）时，CO_2 柱高度 $\Delta h_0 = h_0 - h'$ (m)。式中，h_0 为承压玻璃管（毛细管）内径顶端的刻度；h' 为 25℃、7.8MPa 下水银柱上端液面刻度。

(3) 由 CO_2 质量（kg）、承压玻璃管（毛细管）截面积（m^2），测量温度下水银柱上端液面刻度（m），玻璃管内 CO_2 的质面比常数（kg/m^2），则 25℃、7.8MPa 下的比容：

$$v = \frac{\Delta h_0 A}{m} = 0.00124 \ (m^3/kg)$$

质面比常数 $K = \frac{m}{A} = \frac{\Delta h_0}{0.00124}$

所以，任意温度、压力下 CO_2 的比容为：

$$v = \frac{\Delta h}{m/A} = \frac{\Delta h}{K} \ (m^3/kg)$$

式中，$\Delta h = h_0 - h$，h 为任意温度、压力下水银柱高度。

5. 测定低于临界温度 $T=25℃$ 时的等温线

(1) 将恒温器调定在 $T=25℃$，并保持恒温。

(2) 逐渐增加压力，压力在 4.40MPa 左右（毛细管下部出现水银液面）开始读取相应水银柱上液面刻度，记录第一个数据点。读取数据前，一定要有足够的平衡时间，保证温度、压力和水银柱高度恒定。

(3) 提高压力约 0.3MPa，达到平衡时，读取相应水银柱上液面刻度，记录第二个数据点。注意加压时，应足够缓慢地摇进活塞杆，以保证定温条件，水银柱高度应稳定在一定数值上，不发生波动时再读数。

(4) 提高压力约 0.3MPa，逐次提高压力，测量第三、第四等数据点，当出现第一小滴 CO_2 液体时，则适当降低压力，平衡一段时间，使 CO_2 温度和压力恒定，以准确读出恰好出现第一小液滴时的压力。

(5) 注意此阶段，压力改变后 CO_2 状态的变化，特别是测准出现第一液滴时的压力和相应水银柱高度以及最后一个 CO_2 小气泡刚消失时的压力和相应的水银柱高度。此两点压力应接近相等，要交替进行升压和降压操作，压力按出现第一小液滴和最后一个气泡消失的具体条件进行调节。

(6) 当 CO_2 全部液化后，继续按压力间隔 0.3MPa 左右升压，直到压力达到 8.0MPa 为止。

6. 测定临界等温线和临界参数，并观察临界现象

(1) 将恒温水浴调至 31.1℃，按上述方法和步骤测出临界等温线，注意在曲线的拐点

(7.376MPa）附近，应缓慢调节压力（调节间隔可在 0.05MPa），较准确地确定临界压力和临界比容，较准确地描绘出临界等温线上的拐点。

（2）观察临界现象

① 临界乳光现象　保持临界温度不变，摇进活塞杆使压力升至 p_c 附近处，然后突然摇退活塞杆（注意：勿使实验台本体晃动）降压，在此瞬间玻璃管内将出现圆锥形的乳白色的闪光现象，这就是临界乳光现象。这是由 CO_2 分子重力作用沿高度分布不均和光的散射所造成的。可以反复几次观察这个现象。

② 整体相变现象　由于在临界点时，汽化潜热等于零，饱和蒸气线和饱和液相线接近合于一点。这时气液间的相互转变不是像临界温度以下时那样逐渐积累，需要一定的时间，表现为渐变过程，而是这时当压力稍有变化时，气液是以突变的形式相互转化。

③ 气液模糊不清的现象　处于临界点的 CO_2 具有共同参数 (p, V, T)，因而不能区别此时 CO_2 是气态还是液态。如果说它是气体，那么，这个气体是接近液态的气体；如果说它是液体，那么，这个液体又是接近气态的液体。处于临界温度附近，如果按等温线过程，使 CO_2 压缩或膨胀，则管内是什么也看不到的。现在，按绝热过程来进行。先调节压力等于 7.4MPa（临界压力）附近，突然降压（由于压力很快下降，毛细管内的 CO_2 未能与外界进行充分的热交换，其温度下降），CO_2 状态点不是沿等温线，而是沿绝热线降到二相区，管内 CO_2 出现明显的液面。这就是说，如果这时管内的 CO_2 是气体的话，那么，这种气体离液相区很接近，是接近液态的气体；当膨胀之后，突然压缩 CO_2 时，这个液面又立即消失了。这就告诉我们，这时 CO_2 液体离气相区也很接近，是接近气态的液体。此时 CO_2 既接近气态，又接近液态，所以只能是处于临界点附近。临界状态的流体是一种气液分不清的流体。这就是临界点附近气液模糊不清的现象。

7. 测定高于临界温度（$T=40℃$）时的等温线

将恒温水浴调至 40℃，按上述方法和步骤测出临界等温线。

五、注意事项

（1）实验压力不能超过 8.0MPa，实验温度不能超过 45℃。

（2）应缓慢摇进活塞螺杆，否则来不及平衡，难以保证恒温恒压条件。

（3）一般按压力间隔 0.3 MPa 左右升压。但在将要出现液相，存在汽液两相和气相将完全消失以及接近临界点的情况下，升压间隔要很小，升压速度要缓慢。严格讲，温度一定时，在汽液两相同时存在的情况下，压力应保持不变。

（4）准确测定 25℃、7.8MPa 下 CO_2 液柱高度 Δh_0。准确测出 25℃下出现第一小液滴的压力和体积（高度）和最后一个小气泡将消失时的压力和体积（高度）。

（5）压力表读得的读数是表压，数据处理时应按绝对压力。

六、原始实验数据

将不同温度下 CO_2 的 p-V 实验数据记录入表 6-36 中。

七、实验数据处理

1. 按 25℃、7.8MPa 时 CO_2 液柱高度，计算承压玻璃管内 CO_2 的质面比常数 K 值。
2. 按表 6-36 数据计算不同压力下的 CO_2 体积，将计算结果列于表 6-37。
3. 按表 6-37 三种温度下 CO_2 p-V-T 数据在 p-V 坐标上画出三条 p-V 等温线。
4. 估算 25℃下 CO_2 的饱和蒸气压，并与 Antoine 方程计算结果比较。
5. 按表 6-38 计算的 CO_2 的临界比容 v_C（m^3/kg），并与由临界温度下的 p-V 等温线实验值比较，结果也列于表 6-38。

表 6-36　不同温度下 CO_2 的 p-V 实验数据记录

温度：　　大气压：　　毛细管内部顶点的刻度 $h_0=$ 　　mm
25℃、7.8MPa 下 CO_2 柱高度 $\Delta h_0=$ 　　mm　　质面比常数 $K=$ 　　kg/m^2

$T=25℃$			$T=31.1℃$（临界）			$T=40℃$		
$p_{表}$/MPa	h/mm	现象	$p_{表}$/MPa	h/mm	现象	$p_{表}$/MPa	h/mm	现象
等温实验时间＝　min			等温实验时间＝　min			等温实验时间＝　min		

表 6-37　不同温度下 CO_2 的 p-V 实验数据处理结果

温度：　　大气压：　　毛细管内部顶点的刻度 $h_0=$ 　　mm
25℃、7.8MPa 下 CO_2 柱高度 $\Delta h_0=$ 　　mm　　质面比常数 $K=$ 　　kg/m^2

$T=25℃$				$T=31.1℃$（临界）				$T=40℃$			
p/MPa	Δh/cm	$v=h/K$ /(m³/kg)	现象	p/MPa	Δh/cm	$v=h/K$ /(m³/kg)	现象	p/MPa	Δh/cm	$v=h/K$ /(m³/kg)	现象
等温实验时间＝　min				等温实验时间＝　min				等温实验时间＝　min			

表 6-38　CO_2 临界比容 v_C　　单位：m³/kg

文献值	实验值	$V_C=RT_C/p_C$	$V_C=3/8\,RT/p_C$
0.00214			

八、思考题

1. 试分析实验误差和引起误差的原因。

2. 质面比常数 K 值对实验结果有何影响？为什么？

3. 为什么测量 25℃ 下的等温线时，出现第一小液滴的压力和最后一个小气泡将消失时的压力应相等（试用相律分析）？

实验19 反应精馏法制乙酸乙酯

一、实验目的

（1）了解反应精馏是既服从质量作用定律又服从相平衡规律的复杂过程。

（2）掌握反应精馏的操作，能进行全塔物料衡算和塔操作的过程分析。

（3）了解反应精馏与常规精馏的区别，学会分析塔内物料组成。

二、实验原理

反应精馏过程不同于一般精馏，它既有物理相变的传递现象，又有化学反应现象，二者同时存在，相互影响，使过程更加复杂。因此，反应精馏对下面两种情况特别适用。①可逆平衡反应。一般情况下，反应受平衡影响，转化率只能维持在平衡转化的水平；但是，若生成物中有低沸点或高沸点物质存在，则精馏过程可使其连续地从系统中排出，结果超过平衡转化率，大大提高了效率。②异构体混合物分离。通常因它们的沸点接近，靠一般精馏方法不易分离提纯，若异构体中某组分能发生化学反应并能生成沸点不同的物质，这时可在过程中得以分离。

对于醇酸酯化反应来说，适用第一种情况。但该反应若无催化剂存在，单独采用反应精馏也达不到高效分离的目的，这是因为反应速率非常缓慢，故一般都用催化反应方式。酸是有效的催化剂，常用硫酸。反应随酸浓度增高而加快，质量分数在 0.2%～1.0%。此外，还可以用离子交换树脂、重金属盐类和丝光沸石分子筛等固体催化剂。反应精馏的催化剂用硫酸，是由于其催化作用不受塔内温度限制，在全塔内都能进行催化反应，而应用固体催化剂则由于存在一个最适宜的温度，精馏塔本身难以达到此条件，故很难实现最佳化操作。本实验是以乙醇和乙酸为原料，在催化剂作用下生成乙酸乙酯的可逆反应。反应的方程式为：

$$CH_3COOH + C_2H_5OH \longrightarrow CH_3COOC_2H_5 + H_2O$$

本实验是从塔釜直接进料进行间歇式操作。反应只在塔釜内进行，由于乙酸的沸点较高，不能进入塔体，故塔体内有3组分，即水、乙醇、乙酸乙酯。

全过程可用物料衡算式和热量衡算式描述。

1. 物料衡算方程

对第 j 块理论板上的 i 组分进行物料衡算：

$$L_{j-1}x_{i,j-1} + V_{j+1}y_{i,j+1} + FZ_i + R_{i,j} = V_j y_{i,j} + L_j x_{i,j}$$

2. 汽液平衡方程

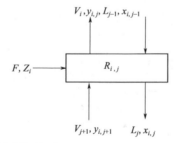

对平衡级上某组分 i 有如下平衡关系：

$$K_{i,j}x_{i,j} - y_{i,j} = 0$$

每块板上组成的总和应符合下式：
$$\sum_{i=1}^{n} y_{i,j} = 1, \sum_{i=1}^{n} x_{i,j} = 1$$

3. 反应速率方程
$$R_{i,j} = K_{i,j} P_j \left(\frac{x_{i,j}}{Q_{i,j} x_{i,j}} \right) \times 10^5$$

4. 热量衡算方程
$$L_{j-1} h_{i,j-1} + V_{j+1} h_{j+1} + Fh - V_j h_j - L_j h_j - Q = 0$$

三、实验装置

反应精馏法制乙酸乙酯实验装置如图 6-35 所示。

反应精馏塔用玻璃制成，直径 20mm，塔高 1500mm，塔内填装 ϕ3mm×3mm 不锈钢填料（316L）。塔外壁镀有金属膜，通电流使塔身加热保温。塔釜为一玻璃容器并有电加热器加热。塔顶冷凝液体的回流采用摆动式回流比控制器操作。此控制系统由塔头上摆锤、电磁铁线圈、回流比计数拨码电子仪表组成。

所用的试剂有乙醇、乙酸、浓硫酸、丙酮和蒸馏水。

四、实验步骤

（1）将乙醇、乙酸各 80g，浓硫酸 6 滴约 0.24g 倒入塔釜内，开启釜加热系统。开启塔身保温电源。待塔身有蒸气上升时，开启塔顶冷凝水。

（2）当塔顶摆锤上有液体出现时，进行全回流操作。15min 后，设定回流比为 3∶1，开启回流比控制电源。

（3）30min 后，用微量注射器在塔身三个不同高度取样，应尽量保证同步。

（4）分别将 0.25μL 样品注入色谱分析仪，记录结果。注射器用后应用蒸馏水、丙酮清洗，以备后用。

（5）重复（3）、（4）步操作。

（6）关闭塔釜及塔身加热电源及冷凝水。对馏出液及釜残液进行称重和色谱分析（当残液全部流至塔釜后才取釜残液），关闭总电源。

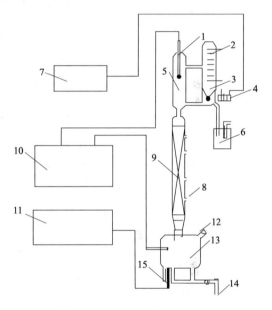

图 6-35　反应精馏法制乙酸乙酯实验装置
1—测温热电阻；2—冷却水；3—摆锤；4—电磁铁；
5—塔头；6—馏出液收集瓶；7—回流比控制器；
8—取样口；9—塔体；10—数字式温度显示器；
11—控温仪；12—加料口；13—塔釜；
14—电加热器；15—卸料口

五、原始实验数据

1. 原料

表 6-39 列出了原料数据。

乙醇、乙酸、浓硫酸，均为分析纯。

色谱分析条件：载气 1 柱前压 0.05MPa；流速为 30mL/min
　　　　　　　载气 2 柱前压 0.05MPa；桥电流 100；信号衰减 1。
　　　　　　　柱温 130℃；汽化室温度 130℃；检测室温度 130℃。

表 6-39 原料数据

组 分	质量校正因子 f_i
水	0.549
乙醇	1
乙酸乙酯	1.109
乙酸	1.225
进样量/μL	0.25

2. 对侧线产品的色谱分析

对塔釜加热 15min 后,把回流比调到 3∶1,每半小时取样分析,将测量结果填入表 6-40 中。

表 6-40 对侧线产品的色谱分析数据

时间/min	塔顶温度/℃	釜温/℃	取样口高度/mm	物 质	停留时间/s	所占比例/%	质量分数/%
				水			
				乙醇			
				乙酸乙酯			
				水			
				乙醇			
				乙酸乙酯			
				水			
				乙醇			
				乙酸乙酯			
				水			
				乙醇			
				乙酸乙酯			
				水			
				乙醇			
				乙酸乙酯			
				水			
				乙醇			
				乙酸乙酯			

六、思考题

1. 怎样提高酯化收率?
2. 不同回流比对产物分布有何影响?
3. 加料摩尔比应保持多少为最佳?

实验 20 乙苯脱氢制苯乙烯实验

一、实验目的

(1) 了解以乙苯为原料,氧化铁系为催化剂,在固定床单管反应器中制备苯乙烯的过程。

（2）学会稳定工艺操作条件的方法。

（3）掌握乙苯脱氢制苯乙烯的转化率、选择性、收率与反应温度的关系；找出最适宜的反应温度区域。

（4）学会使用温度控制和流量控制的一般仪表、仪器。

（5）了解气相色谱分析及使用方法。

二、实验原理

1. 本实验的主副反应

主反应：

$$\text{C}_6\text{H}_5\text{-CH}_2\text{-CH}_3 \longrightarrow \text{C}_6\text{H}_5\text{-CH=CH}_2 + \text{H}_2 \quad 117.8\text{kJ/mol}$$

副反应：

$$\text{C}_6\text{H}_5\text{-C}_2\text{H}_3 + \text{H}_2 \longrightarrow \text{C}_6\text{H}_6 + \text{C}_2\text{H}_4 \quad 105\text{kJ/mol}$$

$$\text{C}_6\text{H}_5\text{-C}_2\text{H}_5 + \text{H}_2 \longrightarrow \text{C}_6\text{H}_6 + \text{C}_2\text{H}_6 \quad -31.5\text{kJ/mol}$$

$$\text{C}_6\text{H}_5\text{-C}_2\text{H}_5 + \text{H}_2 \longrightarrow \text{C}_6\text{H}_5\text{-CH}_3 + \text{CH}_4 \quad -54.4\text{kJ/mol}$$

在水蒸气存在的条件下，还可能发生下列反应：

$$\text{C}_6\text{H}_5\text{-C}_2\text{H}_5 + 2\text{H}_2\text{O} \longrightarrow \text{C}_6\text{H}_5\text{-CH}_3 + \text{CO}_2 + 3\text{H}_2$$

此外还有芳烃脱氢缩合及苯乙烯聚合生成焦油等。这些连串副反应的发生不仅使反应的选择性下降，而且极易使催化剂表面结焦进而活性下降。

2. 影响本反应的因素

（1）温度的影响　乙苯脱氢反应为吸热反应，$\Delta H^{\ominus} > 0$，从平衡常数与温度的关系式：

$$\left(\frac{\partial \ln K_p}{\partial T}\right)_p = \frac{\Delta H^{\ominus}}{RT^2}$$

可知，提高温度可增大平衡常数，从而提高脱氢反应的平衡转化率。但是温度过高副反应增加，使苯乙烯选择性下降，能耗增大，设备材质要求增加，故应控制适宜的反应温度。本实验的反应温度为 540~600℃。

（2）压力的影响　乙苯脱氢为体积增加的反应，从平衡常数与压力的关系式：

$$K_p = K_n \left(\frac{p_{总}}{\sum n_i}\right)^{\Delta \gamma}$$

可知，当 $\Delta \gamma > 0$ 时，降低总压 $p_{总}$ 可使 K_n 增大，从而增加了反应的平衡转化率，故降低压力有利于平衡向脱氢方向移动。本实验加水蒸气的目的是降低乙苯的分压，以提高乙苯的平衡转化率。较适宜的水蒸气用量为：水∶乙苯＝1.5∶1（体积比）或 8∶1（摩尔比）。

（3）空速的影响　乙苯脱氢反应系统中有平行副反应和连串副反应，随着接触时间的增加，副反应也增加，苯乙烯的选择性可能下降，故需采用较高的空速，以提高选择性。适宜的空速与催化剂的活性及反应温度有关,本实验乙苯的液空速以 0.6~1h 为宜。

3. 催化剂

本实验采用 GS-08 催化剂,以 Fe、K 为主要活性组分,添加少量的 I_A、II_A、I_B 族,以稀土氧化物为助剂。

三、实验装置

乙苯脱氢制备苯乙烯实验流程见图 6-36。

药品:乙苯(分析纯)1 瓶;蒸馏水一桶;氮气一钢瓶。

实验器具:电子天平 1 台;色谱 1 台(测液体浓度);秒表 1 只(或用手机等其他代替);100mL 量筒 2 个;100mL 烧杯 4 个;100mL 分液漏斗 2 个;1μg 色谱取样管 2 个。

四、实验步骤

1. 实验任务

测定不同温度下乙苯脱氢反应的转化率、苯乙烯的选择性和收率,考察温度对乙苯脱氢反应转化率、苯乙烯选择性和收率的影响。

2. 主要控制指标

(1) 汽化温度控制在 300℃左右。

(2) 反应器前温度控制在 500℃。

(3) 脱氢反应温度为 540℃、560℃、580℃、600℃。

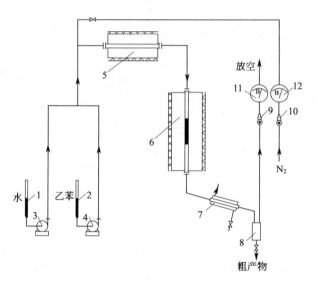

图 6-36 乙苯脱氢制备苯乙烯实验流程
1—水计量管;2—乙苯计量管;3,4—进料泵;5—汽化室;6—反应室;7—冷凝器;8—集液罐;9—H_2 流量计;10—N_2 流量计;11—湿式气体流量计;12—N_2 压力表

(4) 水:乙苯=1.5:1(体积比)。

(5) 控制乙苯加料速率为 0.5mL/min,蒸馏水进料速率为 0.75mL/min。

3. 实验步骤

(1) 了解并熟悉实验装置及流程,搞清物料走向及加料、出料方法。

(2) 仪表通电,待各仪表初始化完成后,在各仪表上设定控制温度:汽化室温度控制设定值为 300℃,反应器前温度控制值为实验温度 540℃、560℃、580℃、600℃,反应器温度控制值为实验温度 540℃、560℃、580℃、600℃。

(3) 系统通氮气 接通电源,系统通氮气,调节氮气流量为 20L/h。

(4) 汽化器升温,冷却器通冷却水 打开汽化室加热开关,汽化器逐步升温,并打开冷却器的冷却水。

(5) 开反应器前加热和反应器加热 当汽化器温度达到 200℃后,打开反应器前加热开关和反应器加热开关。

(6) 开始通蒸馏水并继续通氮气 当反应器温度达 400℃时,开始加入蒸馏水,控制流量为 0.75mL/min,氮气流量为 18L/h。

(7) 停止通氮气加反应原料乙苯 当反应器内温度升至 540℃左右并稳定后,停止通氮气,开始加入乙苯,流量控制为 0.5mL/min。

(8) 记下乙苯加料管内起始体积,并将集液罐内的料液放空。

(9) 物料在反应器内反应 50min 左右，停止乙苯进料，改通氮气，流量为 18L/h，并继续通蒸馏水，保持汽化室和反应器内的温度。

(10) 记录此时乙苯体积，算出原料加入反应器的体积。

(11) 将粗产物从集液罐内放入量筒内静置分层。

(12) 分层完全后，用分液漏斗分去水层，称出烃层液体质量。

(13) 取少量烃层液样品，用气相色谱分析组成，并计算各组分的含量。

(14) 改变反应器控制温度为 560℃，继续升温，当反应器温度升至 560℃ 左右并稳定后，再次加乙苯入反应器反应，重复步骤 (7)~(13) 中的相关操作，测得 560℃ 下的有关实验数据。

(15) 重复步骤 (14)，测得 580℃、600℃ 下的有关实验数据。

(16) 反应结束后，停止加乙苯。反应温度维持在 500℃ 左右，继续通水蒸气，进行催化剂的清焦再生，约半小时后停止通水，停止各反应器加热，通 N_2，清除反应器内的 H_2，并使实验装置降温。实验装置降温到 300℃ 以下时，可切断电源，切断冷却水，停止通 N_2，整理好实验现场，离开实验室。

(17) 对实验结果进行分析，分别将转化率、选择性及收率对反应温度作出曲线，找出最适宜的反应温度区域，并对所得实验结果进行讨论，包括：曲线图趋势的合理性、误差分析、实验成败原因分析等。

五、原始实验数据

将原始实验数据填入表 6-41 和表 6-42。

表 6-41 实验数据记录

反应时间 /min	温度		原料加入量/mL				烃层液质量 /g
	汽化器 温度/℃	反应器 温度/℃	乙苯		水		
			始	终	始	终	

表 6-42 实验结果汇总

编号	1	2	3	4	5	6	7	8
反应温度/℃								
乙苯加入体积/mL								
乙苯原料加入量 F_F/g								
乙苯原料消耗量 R_F/g								
乙苯转化率/%								
苯乙烯选择性/%								
苯乙烯收率/%								

六、思考题

1. 乙苯脱氢生成苯乙烯反应是吸热还是放热反应？如何判断？如果是吸热反应，则反应温度为多少？

2. 对本反应而言，是体积增大还是减小？加压有利还是减压有利？本实验采用什么方法？为什么加入水蒸气可以降低烃分压？

3. 在本实验中你认为有哪几种液体产物生成？有哪几种气体产物生成？如何分析？

实验 21 串联流动反应器停留时间分布的测定

一、实验目的

（1）通过实验了解利用电导率测定停留时间分布的基本原理和实验方法。
（2）掌握停留时间分布的统计特征值的计算方法。
（3）学会用理想反应器串联模型来描述实验系统的流动特性。
（4）了解微机系统数据采集的方法。

二、实验原理

本实验停留时间分布测定所采用的主要是示踪响应法。它的原理是：在反应器入口用电磁阀控制的方式加入一定量的示踪剂 KNO_3，通过电导率仪测量反应器出口处水溶液电导率的变化，间接地描述反应器流体的停留时间。常用的示踪剂加入方式有脉冲输入、阶跃输入和周期输入等。本实验选用脉冲输入法。

脉冲输入法是在较短的时间内（0.1~1.0s），向设备内一次注入一定量的示踪剂，同时开始计时并不断分析出口示踪物料的浓度 $c(t)$ 随时间的变化。由概率论知识，概率分布密度 $E(t)$ 就是系统的停留时间分布密度函数。因此，$E(t)dt$ 就代表了流体粒子在反应器内停留时间介于 t-dt 间的概率。

在反应器出口处测得的示踪计浓度 $c(t)$ 与时间 t 的关系曲线叫响应曲线。由响应曲线可以计算出 $E(t)$ 与时间 t 的关系，并绘出 $E(t)$-t 关系曲线。计算方法是对反应器作示踪剂的物料衡算，即

$$Qc(t)dt = mE(t)dt \tag{6-46}$$

式中，Q 表示主流体的流量；m 为示踪剂的加入量，示踪剂的加入量可以用下式计算：

$$m = \int_0^\infty Qc(t)dt \tag{6-47}$$

在 Q 值不变的情况下，由式(6-48)和式(6-49)求出：

$$E(t) = \frac{c(t)}{\int_0^\infty c(t)\mathrm{d}t} \tag{6-48}$$

关于停留时间分布的另一个统计函数是停留时间分布函数 $F(t)$，即

$$F(t) = \int_0^\infty E(t)\mathrm{d}t \tag{6-49}$$

用停留时间分布密度函数 $E(t)$ 和停留时间分布函数 $F(t)$ 来描述系统的停留时间，给出了很好的统计分布规律。但是为了比较不同停留时间分布之间的差异，还需引进两个统计特征，即数学期望和方差。

数学期望对停留时间分布而言就是平均停留时间 $\bar{t}$，即

$$\bar{t} = \frac{\int_0^\infty tE(t)\mathrm{d}t}{\int_0^\infty E(t)\mathrm{d}t} = \int_0^\infty tE(t)\mathrm{d}t \tag{6-50}$$

方差是和理想反应器模型关系密切的参数。它的定义是：

$$\sigma_t^2 = \int_0^\infty t^2 E(t)\mathrm{d}t - \bar{t}^2 \tag{6-51}$$

对活塞流反应器 $\sigma_t^2 = 0$；而对全混流反应器 $\sigma_t^2 = \bar{t}^2$。则 N 的计算式：

$$N = \frac{\bar{t}^2}{\sigma_t^2} \tag{6-52}$$

当 N 为整数时，代表该非理想流动反应器可用 N 个等体积的全混流反应器的串联来建立模型。当 N 为非整数时，可以用四舍五入的方法近似处理，也可以用不等体积的全混流反应器串联模型。

三、实验装置

反应器为有机玻璃制成的搅拌釜，其有效容积为 1000mL，搅拌方式为叶轮搅拌。流程中配有四个这样的搅拌釜。示踪剂是通过一个电磁阀瞬时注入反应器。示踪剂 KCl 在不同时刻浓度 $c(t)$ 的检测通过电导率仪完成。

电导率仪的传感为铂电极，当含有 KCl 的水溶液通过安装在釜内液相出口处铂电极时，电导率仪将浓度 $c(t)$ 转化为毫伏级的直流电压信号，该信号经放大器与 A/D 转化卡处理后，由模拟信号转换为数字信号。该代表浓度 $c(t)$ 的数字信号在微机内用预先输入的程序进行数据处理并计算出每釜平均停留时间和方差以及 N 后，由打印机输出。数据采集原理见图 6-37。

图 6-37　数据采集原理方框

实验仪器：3 个反应器为有机玻璃制成的搅拌釜（1000mL），3 个 D-7401 型电动搅拌器，3 个 DDS-11C 型电导率仪，1 个 LZB 型转子流量计（$DN=10\text{mm}$，$L=10\sim100\text{L/h}$），1 个 DF2-3 电磁阀（$PN=0.8\text{MPa}$，220V），3 个压力表（量程 $0\sim1.6\text{MPa}$，精度 1.5 级），1 套数据采集与 A/D 转换系统，1 台控制与数据处理微型计算机，1 台打印机。

实验试剂：主流体，自来水；示踪剂；KCl 饱和溶液。

四、实验步骤

(1) 打开系统电源，使电导率预热 20min。

(2) 打开自来水阀门向储水槽进水，开动水泵，调节转子流量计的流量，待各釜内充满

水后将流量调至 30L/h，打开各釜放空阀，排净反应器内残留的空气。

（3）将预先配制好的饱和 KNO_3 溶液加入示踪剂瓶内，注意将瓶口小孔与大气连通。实验过程中，根据实验项目（单釜或三釜）将指针阀转向对应的实验釜。

（4）观察各釜的电导率值，并逐个调零和满量程，各釜所测定值应基本相同。

（5）启动计算机数据采集系统，使其处于正常工作状态。

（6）键入实验条件：将进水流量输入微机内，可供实验报告生成。

（7）在同一个水流量条件下，分别进行 2 个搅拌转速的数据采集；也可以在相同转速下改变液体流量，依次完成所有条件下的数据采集。

（8）选择进样时间为 0.1～1.0s，按"开始"键自动进行数据采集，每次采集时间需 35～40min。结束时按"停止"键，并立即按"保存数据"键存储数据。

（9）打开"历史记录"选择相应的保存文件进行数据处理，实验结果可保存或打印。

（10）结束实验 先关闭自来水阀门，再依次关闭水泵和搅拌器、电导率仪、总电源；关闭计算机。将仪器复原。

五、原始实验数据

以进水流量为 50L/h 时为例，取第三釜曲线，取 20 个点，计算多釜串联中的模型参数 N，通过时间及电导率的数值（由于电导率与浓度之间存在线性关系，故可以直接对电导率进行复化辛普森积分），求出平均停留时间和方差，并以此可以求出模型参数 N。

用复化辛普森公式求积分（所用实验数据见表 6-43）：

$$\int_0^\infty f(t)dt = \frac{h}{6}\left[f(a) + 4\sum_{k=0}^{n-1} f(x_{k+\frac{1}{2}}) + 2\sum_{k=1}^{n-1} f(x_k) + f(b)\right]$$

$$h = 596/10 = 59.6, \quad n = 10$$

$$\int_0^\infty C(t)dt = \frac{h}{6}\left[C_0 + 4\sum_{k=0}^9 C_{k+\frac{1}{2}} + 2\sum_{k=1}^9 C_k + C_{10}\right]$$

$$= \frac{59.6}{6}[0.05 + 4\times(0.192857 + 1.292857 + 1.735714 + 1.478571 + 1.05 + 0.692857$$
$$+ 0.478571 + 0.292857 + 0.192857 + 0.121429) + 2\times(0.692857 + 1.621429$$
$$+ 1.65 + 1.221429 + 0.85 + 0.55 + 0.364286 + 0.264286 + 0.164286) + 0.05]$$
$$= 446.7162$$

$$E(t) = \frac{C(t)}{\int_0^\infty C(t)}$$

$$\bar{t} = \int_0^\infty tE(t)dt = \frac{h}{6}\left[tE_0(t) + 4\sum_{k=0}^9 tE_{k+\frac{1}{2}}(t) + 2\sum_{k=0}^9 tE_k(t) + tE_{10}(t)\right]$$

$$= \frac{59.6}{6}[0 + 4\times(0.0139464 + 0.280269 + 0.627141 + 0.7480396 + 0.6828372 + 0.550704$$
$$+ 0.4497714 + 0.31737 + 0.2370888 + 0.1664628) + 2\times(0.100128 + 0.4686944 + 0.7153788$$
$$+ 0.7061408 + 0.614178 + 0.4770384 + 0.3683876 + 0.3056288 + 0.2134872) + 0.072116]$$
$$= 241.4273$$

$$\int_0^\infty t^2 E(t)dt = \frac{h}{6}\left[t^2 E_0(t) + 4\sum_{k=0}^9 t^2 E_{k+\frac{1}{2}}(t) + 2\sum_{k=0}^9 t^2 E_k(t) + t^2 E_{10}(t)\right]$$

$$= \frac{59.6}{6}[0 + 4\times(0.4156027 + 25.056049 + 93.444009 + 156.04106 + 183.13694$$

$$+180.52077+174.24144+141.86439+120.10919+94.251237)+2\times(5.9676288$$
$$+55.868372+127.90973+168.34397+183.02504+170.58893+153.69131$$
$$+145.72381+114.51453)+42.981136]$$
$$=69241.0018$$

$$\sigma_t^2 = \int_0^\infty t^2 E(t)\,dt - \bar{t}^2 = 10953.9$$

$$N = \frac{\bar{t}^2}{\sigma_t^2} = 5.32$$

表 6-43　实验数据

t/s	$c(t)$	$E(t)$	$tE(t)$	$t^2 E(t)$
0	0.05	0.000121	0	0
29.8	0.192857	0.000468	0.0139464	0.4156027
59.6	0.692857	0.00168	0.100128	5.9676288
89.4	1.292857	0.003135	0.280269	25.056049
119.2	1.621429	0.003932	0.4686944	55.868372
149	1.735714	0.004209	0.627141	93.444009
178.8	1.65	0.004001	0.7153788	127.90973
208.6	1.478571	0.003586	0.7480396	156.04106
238.4	1.221429	0.002962	0.706408	168.34397
268.2	1.05	0.002546	0.6828372	183.13694
298	0.85	0.002061	0.614178	183.02504
327.8	0.692857	0.00168	0.550704	180.52077
357.6	0.55	0.001334	0.4770384	170.58893
387.4	0.478571	0.001161	0.4497714	174.24144
417.2	0.364286	0.000883	0.3683876	153.69131
447	0.292857	0.00071	0.31737	141.86439
476.8	0.264286	0.000641	0.3056288	145.72381
506.6	0.192857	0.000468	0.2370888	120.10919
536.4	0.164286	0.000398	0.2134872	114.51453
566.2	0.121429	0.000294	0.1664628	94.251237
596	0.05	0.000121	0.072116	42.981136

六、思考题

1. 既然反应器的个数是 3 个，模型参数 N 又代表全混流反应器的个数，那么 N 就应该是 3，若不是，为什么？

2. 全混流反应器具有什么特征，如何利用实验方法判断搅拌釜是否达到全混流反应器的模型要求？如果尚未达到，如何调整实验条件使其接近这一理想模型？

3. 测定釜中停留时间的意义何在？

实验 22　连续均相管式循环反应器中的返混实验

一、实验目的
（1）了解连续均相管式循环反应器的返混特性。
（2）分析观察连续均相管式循环反应器的流动特征。
（3）研究不同循环比下的返混程度，计算模型参数 n。

二、实验原理

在工业生产上，对某些反应为了控制反应物的合适浓度，以便控制温度、转化率和收率，同时需要使物料在反应器内有足够的停留时间，并具有一定的线速度，而将反应物的一部分物料返回到反应器进口，使其与新鲜的物料混合再进入反应器进行反应。在连续流动的反应器内，不同停留时间的物料之间的混合称为返混。对于这种反应器循环与返混之间的关系，需要通过实验来测定。

在连续均相管式循环反应器中，若循环流量等于零，则反应器的返混程度与平推流反应器相近，由于管内流体的速度分布和扩散，会造成较小的返混。若有循环操作，则反应器出口的流体被强制返回反应器入口，也就是返混。返混程度的大小与循环流量有关，通常定义循环比 R 为：

$$R = \frac{循环物料的体积流量}{离开反应器物料的体积流量}$$

循环比 R 是连续均相管式循环反应器的重要特征，可自零变至无穷大。当 $R=0$ 时，相当于平推流管式反应器。当 $R=\infty$ 时，相当于全混流反应器。

因此，对于连续均相管式循环反应器，可以通过调节循环比 R，得到不同返混程度的反应系统。一般情况下，循环比大于 20 时，系统的返混特性已经非常接近全混流反应器。返混程度的大小，一般很难直接测定，通常是利用物料停留时间分布的测定来研究。然而测定不同状态的反应器内停留时间分布时，我们可以发现，相同的停留时间分布可以有不同的返混情况，即返混与停留时间分布不存在一一对应的关系，因此不能用停留时间分布的实验测定数据直接表示返混程度，而要借助于反应器数学模型来间接表达。停留时间分布的测定方法有脉冲法、阶跃法等，常用的是脉冲法。当系统达到稳定后，在系统的入口处瞬间注入一定量 Q 的示踪物料，同时开始在出口流体中检测示踪物料的浓度变化。

由停留时间分布密度函数的物理含义可知：

$$f(t)\mathrm{d}t = Vc(t)\mathrm{d}t/Q$$

$$Q = \int_0^\infty Vc(t)\mathrm{d}t$$

所以

$$f(t) = \frac{Vc(t)}{\int_0^\infty Vc(t)\mathrm{d}t} = \frac{c(t)}{\int_0^\infty c(t)\mathrm{d}t}$$

由此可见，$f(t)$ 与示踪剂浓度 $c(t)$ 成正比。因此，本实验中用水作为连续流动的物料，以饱和 KCl 作示踪剂，在反应器出口处检测溶液电导值。在一定范围内，KCl 浓度与电导值成正比，则可用电导值来表达物料的停留时间变化关系，即 $f(t) \propto L(t)$，这里 $L(t) = L_t - L_\infty$，L_t 为 t 时刻的电导值，L_∞ 为无示踪剂时电导值。

由实验测定的停留时间分布密度函数 $f(t)$，有两个重要的特征值，即平均停留时间 $\bar{t}$ 和

方差 σ_t^2，可由实验数据计算得到。若用离散形式表达，并取相同时间间隔 Δt 则：

$$\bar{t} = \frac{\sum tc(t)\Delta t}{\sum c(t)\Delta t} = \frac{\sum tL(t)}{\sum L(t)}$$

$$\sigma_t^2 = \frac{\sum t^2 c(t)}{\sum c(t)} - (\bar{t})^2 = \frac{\sum t^2 L(t)}{\sum L(t)} - \bar{t}^2$$

若用无量纲对比时间 θ 来表示，即 $\theta = t/\bar{t}$

无量纲方差　　　　　　　　　　$\sigma_\theta^2 = \sigma^2/\bar{t}^2$

在测定了一个系统的停留时间分布后，如何来评介其返混程度，则需要用反应器模型来描述，这里我们采用的是多釜串联模型。

所谓多釜串联模型是一个实际反应器中的返混情况作为与若干个全混釜串联时的返混程度等效。这里的若干个全混釜个数 n 是虚拟值，并不代表反应器个数，n 称为模型参数。多釜串联模型假定每个反应器为全混釜，反应器之间无返混，每个全混釜体积相同，则可以推导得到多釜串联反应器的停留时间分布函数关系，并得到无量纲方差 σ_θ^2 与模型参数 n 存在关系为：

$$n = \frac{1}{\sigma_\theta^2}$$

三、实验装置

如图 6-38 所示，实验装置由管式反应器和循环系统组成。循环泵开关在仪表屏上控制，流量由循环管阀门控制，流量直接显示在仪表屏上，单位是 L/h。实验时，进水从转子流量计调节流入系统，稳定后在系统的入口处（反应管下部进样口）快速注入示踪剂（0.5～1mL），由系统出口处电导电极检测示踪剂浓度变化，并显示在电导仪上，并可由记录仪记录。

电导仪输出的毫伏信号经电缆进入 A/D 卡，A/D 卡将模拟信号转换成数字信号，由计算机集中采集、显示并记录，实验结束后，计算机可将实验数据及计算结果储存或打印出来。

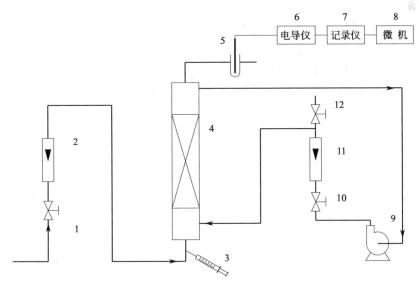

图 6-38　实验装置

1—进水阀；2—进水流量计；3—注射器；4—填料塔；5—电极；6—电导仪；7—记录仪；8—微机；9—循环泵；10—节流阀；11—循环流量计；12—放气阀

四、实验步骤

1. 开车步骤

（1）通水，开启水源，让水注满反应管，并从塔顶稳定流出，调节进水流量为 15L/h，保持流量稳定。

（2）通电，开启电源开关。

（3）开电脑、打印机，打开"管式循环反应器数据采集"软件，准备开始。

（4）开电导仪并调整好，以备测量。

（5）循环时，开泵（面板上仪表右第二个键"▲"），用循环阀门调节流量。

（6）不循环时，关泵（面板上中间的向下箭头"▼"），关紧循环阀门。

2. 进样操作

（1）待系统稳定后，用注射器迅速注入示踪剂（建议 0.5~1mL，实际进样量可调节），同时点击软件上"开始"图标。

（2）当电脑记录显示的曲线在 2min 内觉察不到变化时，即认为终点已到（出峰时间约 10~20min）。

（3）点击"结束"，以组号作为文件名保存文件，打印实验数据。

（4）改变条件重复步骤（1）~（3）。

五、实验内容

（1）实验循环比做三个，$R=0$、3、5；注入示踪剂要小于 1mL。

（2）调节流量稳定后方可注入示踪剂，整个操作过程中注意控制流量。

（3）为便于观察，示踪剂中加入了颜料。抽取时勿吸入底层晶体，以免堵塞。

（4）示踪剂要求一次迅速注入；若遇针头堵塞，不可强行推入，应拔出后重新操作。

（5）一旦失误，应等示踪剂出峰全部走平后，再重做。

六、思考题

1. 脉冲示踪法对示踪剂的要求是什么？
2. 返混会造成什么结果？
3. 循环管式反应器中循环比与实验结果的关系是什么？
4. 在管式反应器中，减小返混的措施是什么？
5. 本实验采用哪个反应器模型描述返混程度？

附 录

附录一 水的物理性质

温度 $T/℃$	压力 p/kPa	密度 ρ /(kg/m³)	焓 /(kJ/kg)	比热容 c_p /[kJ/(kg·K)]	热导率 λ /[W/(m·K)]	动力黏度 /Pa·s	运动黏度 $\nu \times 10^6$ /(m²/s)	体积膨胀系数 $\beta \times 10^3$ /K⁻¹	表面张力 $\sigma \times 10^3$ /(N/m)	普朗特数 Pr
0	101	999.9	0	4.212	0.5508	1788	1.789	−0.063	75.61	13.67
10	101	999.7	42.04	4.191	0.5741	1305	1.306	0.070	74.14	9.52
20	101	998.2	83.90	4.183	0.5985	1004	1.006	0.182	72.67	7.02
30	101	995.7	125.69	4.174	0.6171	801.2	0.805	0.805	71.20	5.42
40	101	992.2	165.71	4.174	0.6333	653.2	0.659	0.659	69.63	4.31
50	101	988.1	209.30	4.174	0.6473	549.2	0.556	0.556	67.67	3.54
60	101	983.2	211.12	4.178	0.6589	469.8	0.478	0.478	66.20	2.98
70	101	977.8	292.99	4.167	0.6670	406.0	0.415	0.570	64.33	2.55
80	101	971.8	334.94	4.195	0.6740	355.0	0.365	0.632	62.57	2.21
90	101	965.3	376.98	4.208	0.6798	314.8	0.326	0.695	60.71	1.95
100	101	958.4	419.19	4.220	0.6821	282.4	0.295	0.752	58.84	1.75
110	143	951.0	461.34	4.233	0.6844	258.9	0.272	0.808	56.88	1.60
120	199	943.1	503.67	4.250	0.6856	237.3	0.252	0.864	54.82	1.47
130	270	934.8	546.38	4.266	0.6856	217.7	0.233	0.917	52.86	1.36
140	362	926.1	589.08	4.287	0.6844	201.0	0.217	0.972	50.70	1.26
150	476	917.0	632.20	4.312	0.6833	186.3	0.203	1.03	48.64	1.17
160	618	907.4	675.33	4.346	0.6821	173.6	0.191	1.07	46.58	1.10
170	792	897.3	719.29	4.379	0.6786	162.8	0.181	1.13	44.33	1.05
180	1003	886.9	763.25	4.417	0.6740	153.0	0.173	1.19	42.27	1.00
190	1255	876.0	807.63	4.460	0.6693	144.2	0.165	1.26	40.01	0.96

附录二 干空气的物理性质（$p=101.325kPa$）

温度 $T/℃$	密度 ρ /(kg/m³)	比热容 c_p /[kJ/(kg·K)]	热导率 λ /[mW/(m·K)]	动力黏度 /Pa·s	运动黏度 $\nu \times 10^6$ /(m²/s)	普朗特数 Pr
−10	1.342	1.009	23.59	16.7	12.43	0.712
0	1.293	1.005	24.40	17.2	13.28	0.707
10	1.247	1.005	25.10	17.7	14.16	0.705
20	1.205	1.005	25.91	18.1	15.06	0.703
30	1.165	1.005	26.73	18.6	16.00	0.701
40	1.128	1.005	27.54	19.1	16.96	0.699
50	1.093	1.005	28.24	19.6	17.95	0.698
60	1.060	1.005	28.93	20.1	18.97	0.696
70	1.029	1.009	29.63	20.6	20.02	0.694
80	1.000	1.009	30.44	21.1	21.09	0.692
90	0.972	1.009	31.26	21.5	22.10	0.690
100	0.946	1.009	32.07	21.9	23.13	0.688
120	0.898	1.009	33.35	22.9	25.45	0.686
140	0.854	1.013	31.86	23.7	27.80	0.684
160	0.815	1.017	36.37	24.5	30.09	0.682

附录三　几种常用理想二元标准混合液

二元混合液	相对挥发度	沸点/℃	沸点差/℃	使用范围
正庚烷-异辛烷	1.024	98.4~99.2	0.8	300 块以下
异辛烷-甲基环己烷	1.049	99.2~100.2	1.6	100 块以下
正庚烷-甲基环己烷	1.075	98.4~100.2	2.4	90 块以下
四氯化碳-苯	1.095	76.8~80.1	3.3	70 块以下
苯-二氯乙烷	1.002	80.1~83.7	3.6	50 块以下
正庚烷-甲苯	1.417	98.4~110.8	12.4	20 块以下
苯-甲苯	2.500	80.1~110.8	30.7	7 块以下

附录四　正庚烷-甲基环己烷的组成与折射率关系

含量/%（物质的量）	折射率 N_D^{25}	含量/%（物质的量）	折射率 N_D^{25}
6	1.4182	50	1.4018
10	1.4166	54	1.4004
14	1.4150	58	1.3990
18	1.4134	62	1.3976
22	1.4119	66	1.3962
26	1.4104	70	1.3948
30	1.4090	74	1.3936
34	1.4075	78	1.3922
38	1.4061	82	1.3908
42	1.4047	86	1.3892
46	1.4032	90	1.3884

附录五　乙醇-水系统 T-x-y 数据

沸点 T/℃	乙醇含量/%（物质的量）		沸点 T/℃	乙醇含量/%（物质的量）	
	气相	液相		气相	液相
99.9	0.004	0.053	82	27.3	56.44
99.8	0.04	0.51	81.3	33.24	58.78
99.7	0.05	0.77	80.6	42.09	62.22
99.5	0.12	1.57	80.1	48.92	64.70
99.2	0.23	2.90	79.85	52.68	66.28
99.0	0.31	3.725	79.5	61.02	70.29
98.75	0.39	4.51	79.2	65.64	72.71
97.65	0.79	8.76	78.95	68.92	74.69
95.8	1.61	16.34	78.75	72.36	76.93
91.3	4.16	29.92	78.6	75.99	79.26
87.9	7.41	39.16	78.4	79.82	81.83
85.2	12.64	47.49	78.27	83.87	84.91
83.75	17.41	51.67	78.2	85.97	86.40
82.3	25.75	55.74	78.15	89.41	89.41

注：乙醇相对分子质量为 46；水相对分子质量为 18；乙醇沸点为 78.3℃；水沸点为 100℃。

附录六　各种换热方式下对流传热系数的范围

换热方式	空气自然对流	气体强制对流	水自然对流	水强制对流	水蒸气冷凝	有机蒸气冷凝	水沸腾
传热系数 /[W/(m²·K)]	5～25	20～100	200～1000	1000～15000	5000～15000	500～2000	2500～25000

附录七　苯甲酸-煤油-水物系萃取实验分配曲线数据

X	Y(15℃)	Y(25℃)	Y(30℃)	Y(35℃)
0	0	0	0	0
0.0001	0.000125	0.000125	0.000125	0.000125
0.0002	0.000235	0.000235	0.000235	0.000235
0.0003	0.000340	0.000340	0.000340	0.000340
0.0004	0.000430	0.000430	0.000430	0.000430
0.0005	0.000525	0.000525	0.000525	0.000525
0.00055	0.000575	0.000570	0.000563	0.000565
0.0006	0.000605	0.000595	0.000590	0.000585
0.0007	0.000675	0.000665	0.000660	0.000655
0.0008	0.000740	0.000730	0.000725	0.000720
0.0009	0.000810	0.000785	0.000775	0.000760
0.0010	0.000860	0.000835	0.000825	0.000810
0.0011	0.000915	0.000885	0.000870	0.000855
0.0012	0.000965	0.000930	0.000910	0.000895
0.0013	0.001000	0.000970	0.000955	0.000940
0.0014	0.001040	0.001000	0.000980	0.000960
0.0015	0.001075	0.001035	0.001010	0.000990
0.0016	0.001120	0.001065	0.001033	0.001010
0.0017	0.001145	0.001090	0.001065	0.001035
0.0018	0.001175	0.001115	0.001080	0.001055
0.0019	0.001200	0.001135	0.001100	0.001075
0.0020	0.001225	0.001160	0.001125	0.001090

参 考 文 献

[1] 武汉大学，兰州大学，复旦大学等校编著．化工基础实验．北京：高等教育出版社，2005．
[2] 杨涛，卢琴芳主编．化工原理实验．北京：化学工业出版社，2007．
[3] 王建成，卢燕，陈振主编．化工原理实验．上海：华东理工大学出版社，2007．
[4] 郑秋霞主编．化工原理实验．北京：中国石化出版社，2007．
[5] 王志魁编．化工原理．北京：化学工业出版社，2004．
[6] 夏清，陈常贵，姚玉英．化工原理（上、下册）．天津：天津大学出版社，2005．
[7] 武汉大学化学与分子科学学院实验中心编．化工基础实验．武汉：武汉大学出版社，2003．
[8] 张金利，张建伟，郭翠梨，胡瑞杰编著．化工原理实验．天津：天津大学出版社，2005．
[9] 福州大学化工原理实验室．福州大学化工原理实验讲义，2004．
[10] 杜志强主编．综合化学实验．北京：科学出版社，2005．
[11] 丁楠，吕树申编著．化工原理实验．广州：中山大学出版社，2008．
[12] 吕维忠，刘波，罗仲宽，于厚春编著．化工原理实验技术．北京：化学工业出版社，2007．
[13] 梁玉祥，刘钟海，付兵编．化工原理实验导论．成都：四川大学出版社，2004．
[14] 陈寅生主编．化工原理实验及仿真．上海：东华大学出版社，2008．